乡村振兴"三农"培训精品教材
RURAL REVITALIZATION

农业废弃物资源化利用技术

● 蔺治海　李维龙　包金亮　主编

中国农业科学技术出版社

图书在版编目(CIP)数据

农业废弃物资源化利用技术 / 蔺治海，李维龙，包金亮主编 . --北京：中国农业科学技术出版社，2023.7（2025.4重印）
ISBN 978-7-5116-6372-6

Ⅰ.①农… Ⅱ.①蔺…②李…③包… Ⅲ.①农业废物-废物综合利用-研究 Ⅳ.①X71

中国国家版本馆 CIP 数据核字（2023）第 134833 号

责任编辑	申　艳	
责任校对	王　彦	
责任印制	姜义伟	王思文

出 版 者	中国农业科学技术出版社
	北京市中关村南大街 12 号　　邮编：100081
电　　话	（010）82103898（编辑室）　　（010）82109702（发行部）
	（010）82109709（读者服务部）
网　　址	https://castp.caas.cn
经 销 者	各地新华书店
印 刷 者	北京中科印刷有限公司
开　　本	140 mm×203 mm　1/32
印　　张	5.5
字　　数	135 千字
版　　次	2023 年 7 月第 1 版　2025 年 4 月第 2 次印刷
定　　价	36.00 元

《农业废弃物资源化利用技术》
编 委 会

前　　言

　　我国是世界农业大国之一。随着现代科学技术在农业生产中的不断推广和应用，我国农业朝着规模化和产业化不断发展，农业产量得到了巨大提升，但同时也产生了大量的农业废弃物，包括农作物秸秆、畜禽粪便、农产品初加工残渣、农药包装废弃物等。这些农业废弃物既是宝贵的资源，又是潜在的污染源，如果处理不当很容易引起环境的恶化，而且造成资源浪费。农业废弃物资源化利用，能够有效解决农业环境污染问题，有利于发展循环经济，并实现农业可持续、稳定、健康发展。

　　本书结合农业废弃物资源化利用现状，依据最新的废弃物资源化利用技术，详细介绍了农业废弃物资源化利用的相关知识和技术。本书分为 6 章，分别为农业废弃物概述、畜禽粪便资源化利用技术、农作物秸秆资源化利用技术、农业生产资料废弃物利用技术、农产品初加工废弃物资源化利用技术、发展低碳农业。

　　本书具有较强的实用性、可读性和操作性，是农业技术推广人员及农民朋友实用的技术指导书。

　　由于时间仓促及编者水平有限，书中难免存在不足之处，欢迎广大读者批评指正！

编　者

2023 年 5 月

目　　录

第一章　农业废弃物概述

第一节　农业废弃物的概念和特性

一、农业废弃物的概念

农业废弃物是指在种植业、林业、畜禽或水产养殖生产过程中，与种植业、林业、畜牧业和渔业产品生产、加工相关的活动中产生的丧失原有价值的，或者原所有人、持有人已经丢弃、准备丢弃或必将丢弃的物质。

这个概念包括以下 3 个要点。首先，农业废弃物是被其所有者、使用者已经丢弃、准备丢弃或必将丢弃的物质。这些物质在当前所有者或使用者眼里可能不仅没有任何利用价值，而且可能被认作一种负担。其次，这些物质来源于农业初级生产过程或者种植业、林业、畜牧业和渔业产品的初级加工过程。最后，这些物质可能具有替代资源的价值，或者具有再利用价值。

二、农业废弃物的特性

（一）与农业生产密切关联

农业废弃物的一个最基本的特性，就是其与农业生产密不可分。比如，农民在种植生产中收获了籽粒、果实后剩下或者丢弃的秸秆、根茬、残果或者残破农膜、农药包装物；在养殖生产中

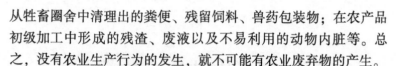

从牲畜圈舍中清理出的粪便、残留饲料、兽药包装物；在农产品初级加工中形成的残渣、废液以及不易利用的动物内脏等。总之，没有农业生产行为的发生，就不可能有农业废弃物的产生。

（二）具有比较相似的物理特性和化学特性

农业废弃物可以分为有机废弃物（比如秸秆、粪便、果渣、动物尸体等）和无机废弃物（比如农膜、塑料农药瓶、食品塑料包装袋等）两大类型。无论是何种农业废弃物，只要从化学组成或物质组成成分上可以归类为植物产品、动物产品、塑料制品、化纤制品、玻璃制品或金属制品的，那么相似类别的废弃物，在化学成分或元素构成、化学特性、物理特性方面，特别是从这些废弃物的资源化再利用或综合利用角度，以及从废弃物污染环境或危害生态的角度考虑，就会具有比较相似的特性。例如，农业废弃物中的塑料制品废弃物，具有易燃、难降解、可回收利用等特性，燃烧后的气体具有一定的毒性，散落在土壤中未降解的部分容易破坏土壤结构。

（三）多数类型的废弃物都具有可再利用性

农业废弃物，特别是来源于种植业或养殖业的废弃物，多数都具有可利用价值。从作物秸秆、林木枝丫、畜禽粪便、废弃包装物和初加工废弃物的可再利用性角度考虑，这些废弃物的再利用可以涉及农田肥料、畜禽饲料、农村能源、工业原料等诸多领域。

（四）处置不当都会造成环境污染或生态危害

农业废弃物具有数量大、成分杂、种类多等特点，如果处理不当，会对农村环境造成污染，对农业生态系统造成危害，具体表现如下。

1. 污染大气环境

农作物秸秆，在我国广大农村，特别是种植面积相对集中连片的区域，数量巨大，除去一部分被用作饲料或肥料或农村建筑材料外，其余部分（甚至相当大的部分）往往采取田间露天焚烧的方式进行处理，尤其是数量巨大但饲用价值又相对较低的小麦秸秆、水稻秸秆等。秸秆的露天焚烧，不仅白白浪费了可再利用的生物质能源以及生物资源，而且焚烧过程产生的烟尘，会造成大气的烟尘污染，特别是由此产生的碳的增量排放，更是加重了大气中的二氧化碳浓度，加速全球气候变暖的进程。此外，秸秆焚烧造成的烟尘污染，还会对道路交通和航空交通安全造成严重威胁，对城乡居民特别是对农村居民的正常生活甚至身体健康造成威胁。

农业废弃物对大气的污染，不局限于秸秆的焚烧，还包括规模化养殖产生的畜禽粪便。如果不进行规范化处置，遗弃的作物秸秆，如果长期堆放于坑塘、沟渠水边，由此产生的腐败气体及产生的恶臭，也会对附近的生活环境造成严重的污染。

2. 污染水体

农业废弃物，尤其是畜禽粪便、作物秸秆、化肥及农药残留，在不当处置或使用过量的情况下，其流失部分或残留部分，通过地表径流或下渗进入河流、湖、库或地下水后，也会对水体造成严重污染。比如，农村散养的畜禽，其粪便不易集中处置，容易随雨水进入地表水体；丢弃于沟塘附近的秸秆，经浸泡腐烂分解，生物质流入地表水体；农田中过量的化肥或残留的农药、鱼塘中过量的鱼饲料或残留的渔药，因其富含氮、磷等营养元素或铅、汞、砷等有毒元素，经地表径流或鱼塘排水进入河流、湖、库等水体后，而造成水体的富营养化、pH 值的改变或有害元素浓度的增高，最终导致水体水质恶化，水体的饮用功能、灌溉功能、娱乐功能以及景观功能严重下降，甚至造成水生生物生长环境或水体渔业生产功能的严重破坏。有些富营养物质或者有害元素，伴随水生生物生命循环过程中的吸收、富集、分解、释放等环节，逐渐造成水体腐败、淤塞，最终丧失水体的所有有用功能。

3. 污染土壤环境

土壤是农田生态系统最重要的组成部分。没有土壤，或者没有健康的土壤，种植业或植物性农产品的生产将不再可能。然而，在农业生产过程中过量施用并残留在土壤中的化肥，残留土壤中的农药、兽药，以及未能及时拣拾、回收的残破农膜等，在进入并残留于农田土壤环境后，将不同程度地造成土壤结构板结、土壤碱化或酸化、土壤有毒有害元素过量等。畜禽粪便中大量的钠、钾盐与硝酸盐长期滞留在土壤中，通过反聚作用造成土壤孔隙变少、通透性降低、土壤结构破坏、生产力降低。畜禽养殖饲料中添加的铜、锌、铁、砷等元素大部分随粪便排出，施入土壤后使得土壤中的重金属或有毒物质大量增加，这不但会抑制作物的生长，而且作物有富集这些元素的作用，当作物中这些重金属或有毒物质的浓度超过一定标准，将通过食物链影响人类的健康。农药残留或生活垃圾中的有害物质在土壤中长期累积，也将增加土壤有害元素的浓度，进而影响农作物的正常生长，甚至影响作物的产量和品质，进一步影响食用农产品的人、畜、禽、鱼的生命健康。

4. 危害生命健康

农业废弃物如果处理处置不当，不仅会造成空气和土壤的污染，而且会造成水体污染，特别是地下水的污染，进而影响农产品的生产安全，尤其会影响农产品的品质安全，最终影响人们的食品安全和健康安全。同时，农业废弃物也会造成空气中颗粒污染物种类、浓度增加，或水体中有害微生物数量、种类增加，进而直接导致生活于该大气环境下或依赖该水体生活的人们受到大气污染或水体污染的影响甚至出现各种疾病。另外，牛、马、羊等大中型家畜误食田间、草场掺杂于饲草料中的废弃农膜后，也会因肠道梗阻而无辜死亡；家畜家禽误饮受污染水体，也会出现疾病或死亡。当人们误食或接触患有"人畜共患病"的家畜家禽等脊椎动物的病体、尸体或生活环境后，也会因感染疾病而对人体健康甚至生命安全造成严重危害。

第二节　农业废弃物的类型

一、按照农业废弃物的来源分类

我国农业废弃物主要来源于种植生产废弃物、养殖生产废弃物、农业生产资料废弃物、农产品初加工废弃物。

（一）种植生产废弃物

种植生产废弃物是指在种植业、林业生产过程中或收获活动结束后，除果实外的其他被生产者抛弃或丢弃的物质或能量，如粮食作物或油料作物的秸秆、根茬，瓜果或蔬菜作物的残叶、藤蔓、落果、落叶或果壳等。此类农业废弃物是所有农业废弃物中除畜禽粪便以外占比很大的一类，其中作物秸秆又是种植生产废弃物中的最主要部分，包括水稻、小麦、玉米、豆类、油料、棉花、薯类、糖料、蔬菜、瓜果等的秸秆、残叶、残果等。

（二）养殖生产废弃物

养殖生产废弃物是指养殖户，为生产和提供肉、蛋、奶、皮毛等农产品，通过圈养、散养、牧养以及集约化或工厂化养殖方式所饲养的猪、牛、羊、鹅、鸡、兔等畜禽所产生的畜禽粪便、废渣、废水或畜禽病死尸体，以及水产养殖户在水产养殖过程中产生的含有饲料残渣、农药残余的养殖塘泥等废弃物质或能量。

此类农业废弃物是所有农业废弃物中占比最大的，也是在处理不当情况下对环境危害最大的。

（三）农业生产资料废弃物

农业生产资料废弃物是指农业生产过程中投入并散落于农业生产场所内的辅助生产资料的残余物，包括农用塑料残膜（主要是残留于土壤中尚未分解的农用地膜）、花卉和苗木培养或种植中使用的一次性塑料盆钵、化肥和农药的包装物（特别是塑料包装物及玻璃包装物）等。此类农业生产资料之所以称为"散落"于农业生产场所的废弃物，主要原因是目前我国农业生产个体从事的农业生产规模一般较小，上述农业生产资料使用量也相对较少，其数量上很难与作物秸秆或畜禽粪便相比，所以生产者在使用过后，多将其抛弃在田间。这些废弃物一般收集难度较大或者收集价值不高，以致残留于农业生产场所逐渐累积而对农业生产环境构成威胁。从此类废弃物的化学成分及其与农业环境的关系看，尽管其数量远低于作物秸秆和畜禽粪便，但如不妥善回收、处理，其对农业生态环境造成的危害远远大于后两者。

（四）农产品初加工废弃物

农产品初加工废弃物是指农产品、林产品和渔产品在初级加工过程中所废弃的物质或能量。此类农业废弃物主要包括稻谷、小麦、玉米等粮食产品加工后产生的谷糠、麦麸、玉米芯等，粮食作物酿酒过程中产生的酒糟，油料作物榨油过程中产生的饼粕，林业木材加工后剩余的边角废料或锯末，水果加工后剩余的果皮、果渣，以及鱼类产品加工后剩余的内脏等。此类废弃物多为有机物，具有一定的饲用、制肥、燃料等再利用价值，有些还可以利用现代生物产品加工技术进行深度开发。但是，如果处置不当，其废渣、废水进入外界水体、农田等，并富集一定浓度后，将可能对外部环境构成污染。

二、按照农业废弃物的特性分类

按照农业废弃物的自身特性，可以将农业废弃物分为如下两类。

（一）一般农业废弃物

一般农业废弃物是指对环境不具有明显危害性，可以自然降解，不需要采取特殊措施进行处理的农业废弃物。例如，作物秸秆、果渣、畜禽粪便、饼粕、果渣等。

（二）危险农业废弃物

危险农业废弃物是指对环境可能具有一定危害性，难以自然降解，必须采取特殊措施进行处理才能消除或预防其危害的农业废弃物。例如，农用塑料残膜、化肥农药包装物等。

三、按照农业废弃物的成分分类

按照农业废弃物的物质成分，可以将农业废弃物分为如下两类。

（一）有机农业废弃物

有机农业废弃物是指在农业生产或产品初级加工过程中产生的植物性产品废弃物，以及动物性产品的排泄物，包括作物秸秆、果渣、畜禽粪便等可以自然降解且不需要采取特殊措施进行处理的，全部由有机成分构成的农业废弃物。

（二）无机农业废弃物

无机农业废弃物是指在农业生产过程中投入的辅助生产资料的残余物或废弃物，包括农用塑料残膜、化肥农药包装物等无法自然降解，需要采取特殊措施进行处理的，由无机成分构成的农业废弃物。

第三节　农业废弃物资源化利用现状与对策

一、农业废弃物资源化利用的概念

农业废弃物资源化利用是指通过一整套废弃物综合利用技术，使农业废弃物的循环再生利用成为连接农业生产不同环节的纽带，从而把种植业、养殖业和农产品加工业连成一个有机整体，成为完整而协调的大农业生产系统。

二、农业废弃物资源化利用现状

农业废弃物资源化利用是我国农村环境治理的重点之一。各地区根据当地情况因地制宜采取了许多措施，并取得了不错的成绩，但仍存在一些问题。

（一）资源化利用障碍因素多，制约着产业发展

1. 产出具有周期性

农业废弃物产生具有一定的周期，尤其是农作物秸秆，生产具有季节性，一年只产出 1~2 季，对资源化利用提出了巨大挑战。如何做到常年有序地提供秸秆原料成为农作物秸秆综合利用首先需要破解的难题。

2. 储存具有困难性

农业废弃物产出具有周期性，如何储存是实现综合利用的基础。秸秆具有质地蓬松、密度低、体积大等特点，这给储存造成极大的困难。随着养殖规模的扩大，产生的粪污量增加，肥料化利用又具有一定的季节性，这就必然要求配备一定规模的粪污储存设施。这些设施不仅占地面积大，而且要达到环保要求，投入较高。

（二）资源化利用技术不成熟，高值化利用竞争力不足

目前，我国农业废弃物资源化利用还处于发展阶段，存在技术不成熟、产业规划不明确等多种问题。肥料化利用本身价值较低，且长期发展动力不足，但是，它可以在短期内快速解决农业废弃物对区域环境的污染问题，因此被称为低值高效利用。饲料化利用、能源化利用、基料化利用、工业原料化利用能在处理农业废弃物的同时进一步提高其附加值，创造更多的价值，因此被称为高值化利用。低值高效利用技术相对成熟，成本低，但利用率低，存在环境污染风险；高值化利用技术的利用率高，环境污染小，生态环境效益显著，但是技术还不够成熟，成本较高，高值化利用产业还不具备竞争优势。从农业的循环可持续发展来看，随着人们环保意识的增强，加上技术的不断成熟和生产成本的降低，农业废弃物资源化利用必将朝着高值化利用的方向发展。

（三）运营成本高，缺乏有效的利益激励机制

农业废弃物资源化利用具有较高的社会效益和环境效益，但是经济性相对较差，难以可持续发展，这是制约其利用的一个关键因素。由于农业废弃物产生量大、分散，且收获季节不一、密度小、体积大、附加值偏低、劳动力投入大等原因，废弃物的收集、储存、处理成本较大。一些企业收购废弃物的途径较窄，存在供求信息不对称、储运能力不足、加工产品单一等突出问题。同时，农业废弃物处理过程涉及多个环节，需要运用多种设施设备，造成企业购置固定资产的费用过高，难以长期高效运营。此外，支持、鼓励政策多于实际扶持政策，农民、企业直接受益的不多，废弃物利用产业的利益驱动机制和政策导向机制有待进一步完善和落实。

三、农业废弃物资源化利用的对策

（一）完善农业废弃物利用的扶持政策，建立激励机制

农业废弃物资源化利用发展尚处于起步阶段，产业规模、产业结构、产业组织、产业技术、投资规模、投资主体等方面都与农业废弃物产生量的处理需求存在很大差距，建议完善落实扶持政策，建立激励补偿机制，扩大补贴范围，提高补贴标准，多渠道地消化现有农业废弃物。适当提升加工企业的盈利空间，提高企业经营者的积极性，以促进农业废弃物更多、更好地实现资源化利用。通过政策引导，切实调动和保护农民及企业收集、利用农业废弃物的积极性和主动性，建立起政府、企业、个人等相结合的农业废弃物利用产业社会化、多元化投融资体制，使农民和企业的利益实现双赢，从而形成有利于农业废弃物利用产业化发展的政策环境。

（二）注重农业废弃物利用的技术创新与应用，强化科技支撑

按照整体、协调、循环、再利用的原则，重点支持农业废弃物在收集、运输、储存、再生利用等环节中新技术、新工艺、新方法的引进和应用。注重加强农业废弃物多元化和高值化利用技术的研发与应用，提高农业废弃物资源化价值。通过技术培训、宣传咨询，有组织、有计划地加大先进适用技术的示范应用力度，提高农业废弃物资源利用的可操作性，降低产品生产成本，提升产品技术含量，拓宽农业废弃物利用途径。建立和完善农业废弃物资源化利用技术规范和服务体系，促进农业废弃物利用产业的可持续发展。

（三）打造农业废弃物利用的典型模式，夯实发展根基

农业废弃物地域分配不均，种类及数量在各地区均存在差异。因此，应结合我国各地农业废弃物的产生特点，合理规划，

因地制宜，产学研深度融合，建设切实可行且可持续的资源化利用典型样板，提高不同地区、不同种类农业废弃物处理水平。进一步延伸产业链，促进产业专业化发展，提升终端产品的竞争力，打牢废弃物资源化利用产业基础。同时，加强引领和示范推广，加大地区间、产业间的联合，带动其他地区有选择地建设新的农业废弃物资源化利用产业，增加企业和组织主体参与数量，建立产业联盟，形成产业集聚和规模效应，推进农业废弃物资源化利用的标准化和规范化，着力解决行业难题，引领并实现农业废弃物利用良性规模化发展。

（四）加强农业废弃物利用的产业规划指导，强化管理职责

由于农业废弃物资源化利用具有一定的公益性质和社会效益，农业废弃物资源化利用应结合农业现代化发展规划和生态环境保护要求，依据不同地区的资源优势、产业发展方向和经济社会发展水平，按照统筹兼顾、突出重点的原则，合理确定适宜的农业废弃物利用产业链布局。同时，增强地方政府、相关企业、农民合作社、种植大户、养殖大户之间的沟通和互动，坚持"企业主体、市场运作、政府支持"的方针，促进产业链朝集中化和正规化的方向发展，以促进农业废弃物资源化利用。

（五）重视以农业废弃物利用为纽带的循环农业发展，实现经济效益、生态效益双赢

引入循环经济的理念，重点支持以农业废弃物为纽带的循环农业发展，支持利用有关技术与设备集成创新的农业废弃物利用项目建设，把农业废弃物利用从污染治理提升到资源循环利用的高度，突出农业废弃物的纽带桥梁作用，使之联结种植业、养殖业，进一步构建循环农业和区域发展模式，使农业废弃物得到循环利用、农民和产业效益增加、生态环境质量改善，同时提高农民的生活质量，促进农业生产转型升级。

第二章　畜禽粪便资源化利用技术

第一节　畜禽粪便肥料化利用技术

一、直接施肥

直接施肥是将养殖业产生的畜禽粪便不做任何处理，直接施入农田，用于种植业的作物生长和发育。

该模式的核心是将养殖业产生的畜禽粪便，直接排放到农田，经过在农田的自然堆沤，为农田提供有机质、氮磷钾等养分，用于促进农田作物的生长发育。通过畜禽粪便缓慢地自然发酵转变为有机肥，将种植业和养殖业有机结合，达到物质和能量在种植业和养殖业之间循环流通的目的。此种模式将畜禽养殖排出的粪便不经任何处理直接用作肥料施入田间，不需要专门的设备，节省了费用，省去了粪便处理的时间。然而畜禽粪便不做任何处理直接用作肥料，存在如下缺点。

（1）传染病虫害。畜禽粪便中含有大量的大肠杆菌等有害健康的微生物，直接施用会导致病虫害的传播，使作物发病，对人体健康产生不利的影响；未腐熟有机物质中还含有植物病虫害的侵染源，施入土壤后会导致植物病虫害的发生。

（2）发酵烧苗。未发酵的粪便施入土壤后，当发酵条件具备时，在微生物的作用下会发酵。当发酵部位距植物根部较近或作物植株较小时发酵产生的热量会影响作物生长，严重时会导致植株死亡。

（3）毒气危害。未发酵的粪便在分解过程中产生甲烷、氨等有害气体，造成土壤中作物酸害和根系损伤。

（4）土壤缺氧。有机物质在分解过程中会消耗土壤中的氧气，使土壤暂时性地处于缺氧状态，这种缺氧状态会使作物生长受到抑制。

（5）肥效缓慢。未发酵腐熟的粪便中养分多为有机态或缓效态，不能被作物直接吸收利用，只有分解转化成速效态才能被作物吸收利用。所以未发酵直接施用使肥效减慢。

（6）污染环境。养殖场采用直接施用方式消纳粪便，在农作物施肥高峰时粪便还可处理掉；在施肥淡季，粪便无人问津，只好任凭堆积，风吹雨淋，肥效流失，污染环境。

（7）运输不便。未经处理直接使用，粪便体积大、有效性低、运输不便，使用不方便。

为了防止畜禽粪便引起的环境问题，提高施肥效果，要求粪便必须处理后才允许施入农田。随着人们环保意识的增强和施肥规范的完善，应强制要求畜禽粪便必须腐熟后才能施用。

二、现代堆肥发酵

（一）现代堆肥发酵关键技术

1. 微生物菌剂

堆肥化是微生物作用于废弃物的生物降解过程，微生物是堆肥过程的主体。堆肥中的微生物一方面来源于畜禽粪便中固有的大量微生物种群；另一方面来源于人为加入的特殊微生物菌种。人为接种微生物培养剂对堆肥进程及堆肥产物质量的作用历来众说纷纭。在畜禽粪便中原就有大量的微生物，若不添加菌剂，这些原料经过微生物的处理也会慢慢堆置成有机肥。有研究表明，人为添加发酵菌剂可以明显缩短有机肥的堆制时间，提高有机肥的质量，而且添加一些好的菌剂在生产出的有机肥中会产生大量有益微生物，对土壤的改良等有更好的作用。这些功能是普通的农家肥所不能比及的。目前认为接种微生物的作用包括提高堆肥初期微生物的群体、增强微生物的降解活性和缩短达到高温期的时间。接种高效发酵微生物，不仅能大大缩短堆肥处理时间，而且有利于堆肥养分的保持，有些微生物还能起到治理堆肥污染物的作用。所以高效的堆肥菌剂对堆肥生产有着很重要的意义。

目前，市场上常用的是 EM 菌剂。该菌剂由光合菌、乳酸菌、酵母菌、放线菌、醋酸杆菌 5 科 10 属 80 多种有益微生物组成。采用适当的比例和独特的发酵工艺，把经过仔细筛选出来的好氧和厌氧有益微生物混合培养，形成多种多样的微生物群落。在生长中产生的有益物质及其分泌物质成为各自或相互生长的基质（食物），正是通过这样一种共生增殖关系，组成了复杂而稳定的微生态系统，形成功能多样、强大而又独特的优势，使微生物、动物机体与外界环境保持平衡，使动物机体处于最佳状态。

畜禽种类和饲养模式差异一般较大，使得畜禽粪便的成分异常复杂。例如，猪粪的质地比较细，成分复杂，含有较多的氨化微生物，容易分解，而且形成的腐殖质较多；牛粪通常被称为"冷性肥料"，其质地细密，成分与猪粪相似，牛粪中含水量高，通气性差，分解缓慢，发酵温度低，肥效迟缓；鸡粪养分含量高，在堆肥过程中易发热、氮素易挥发等。由于各畜禽粪便的成分、特点的差异，在堆肥发酵过程中需要加入不同的分解微生物。

2. 堆肥设备

堆肥设备是实现现代堆肥机械化生产的关键，对生产出符合相应卫生指标和环境指标的堆肥产品至关重要，对控制堆肥产品的质量意义重大。目前，市场上成套的现代堆肥设备大致包括预处理设备、发酵设备、后处理设备及其他辅助设备。这些设备共同的特点是以工艺要求为出发点，使发酵设备具有改善和促进微生物新陈代谢的功能，在发酵的同时解决自动进料和自动出料的难题，最终缩短发酵周期、提高发酵效率和堆肥的生产效率，实现堆肥规模化生产。

（1）预处理设备。通常包括计量设备、粉碎设备、混合设备、进料供料设备、分选设备等。这些设备在整个堆肥流程的最前端，通过配合预处理工艺，首先可以提高堆肥物料中有机物的比例，分离出诸如玻璃、石块、金属等不可堆腐之物，用于其他回收处理；其次可以为发酵设备提供合适的物料颗粒，进而调整微生物新陈代谢速度，提高堆肥厂的生产效率；最后可以调节堆料的含水量和碳氮比，使堆肥物料符合堆肥工艺的要求。

（2）发酵设备。发酵设备是堆肥微生物和堆肥物料进行生化反应的反应器装置，是整个堆肥系统的核心和主要组成部分。发酵设备通过翻堆、供氧、搅拌、混合和通风等设备来控制物料的温度和含水量，进而改善和创造促进微生物新陈代谢的环境。市场上的发酵设备商品种类繁多，大致可分为堆肥发酵塔、卧式堆肥发酵滚筒、筒仓式堆肥发酵仓和箱式堆肥发酵池等。

利用畜禽粪便生产有机肥的方法有很多，包括箱式堆肥、槽式条垛堆肥、静态垛堆肥等。箱式堆肥是在固定容积的箱或盆中堆肥，产量小，产品质量不高，适合家庭利用厨余废料少量生产种花的肥料。静态垛堆肥产品的发酵不均匀，产品质量难以保证。目前研究得比较多的是槽式条垛堆肥，该方法生产量大，产品质量均匀。槽式条垛堆肥是建立发酵槽，在发酵槽内根据工艺要求通过翻堆机进行翻堆供氧。

翻抛机是发酵设备中的核心。堆肥翻抛的主要作用是控制堆肥过程中的温度、挥发水分、混合增氧，以满足好氧发酵对氧含量的要求，促进畜禽粪便快速、高效地发酵。翻抛机的使用可以起到省时省力的作用，是提高堆肥效率和堆肥产品质量的重要措施。目前，我国堆肥翻抛机已有多种产品，槽式翻抛机是畜禽粪便堆肥的主要机型，特点是占地空间小、生产效率较高，但也存在简单仿制国外机型、运行耗能大、翻堆不彻底等问题。翻抛机的创新研制需要明确翻抛机运行原理，在此基础上力求降低投资成本和运行能耗、添加自动控制手段、实现一机多用等。目前已经研制出可以集堆堆、增氧、加湿等功能于一体的翻堆机，不仅翻堆彻底、能耗小，并且集成于自动控制系统中，可以根据工艺要求实现自动翻堆、增氧和加湿。

（3）后处理设备。堆肥物料经过一次发酵和二次发酵后成为熟化的物料。尽管前面的工艺和设备设计严密、功能强大，但依然难以避免后期的物料中有残余的玻璃碴、小石子、碎塑料等杂质。为了提高堆肥产品的质量、精化堆肥产品，设置后处理工艺十分必要。后处理设备主要包括精分选设备、烘干设备、造粒精化设备和包装设备等。经过后处理设备的加工，堆肥产品可以运往市场，销售给农户，施于农田、林地、果园、菜园、景观绿地等用于土壤改良剂或者有机肥料；也可以根据市场需求和生产要求，在后处理过程中添加氮、磷、钾等营养元素后制成有机-无机复混肥、作物专用有机肥等产品。

（4）其他辅助设备。辅助设备还包括用来完成物料在设备间的运输与传动，以及对堆肥过程中产生的二次污染物进行处理的设备。

堆肥厂内物料的运输与传动形式很多。关键在于根据工艺要求进行合理的选择，这是确保工艺流程顺利实施的关键。堆肥厂的运输和传动装置主要用于堆肥厂内物料的提升与搬运，完成新鲜物料、中间物料、堆肥成品和二次废弃物残渣的搬运等。

堆肥厂的顺利运营需要满足作业环境和周围环境各项规定的要求，这必然要求在工艺设计过程中采取有效的措施防止臭气、粉尘、噪声、振动、水污染等二次污染的发生。在堆肥过程中会产生大量臭气，这是堆肥厂面对的头等二次污染问题。臭气物质主要是氨、硫化氢、甲硫醇、甲胺等。对此，在堆肥工艺设计过程中需要考虑堆肥过程中的臭味物质逸出、臭味收集和处理系统等。常用的方法：一是在堆肥过程中向物料添加具有除臭功能的微生物，能将臭味物质在逸出堆料之前进行降解利用；二是安装除臭设备，对逸出的臭味物质进行收集和进一步处理。目前，国内外废气处理装置一般采用流体洗涤床、喷雾塔等。这些设备均采用水浴洗涤、喷淋的基本原理，为了较充分的洗涤，需要增加废气与水的接触时间、减慢气体流速，因此在处理较大流量的废气时，其设备的体积要相应增大。异味脱除剂配置系统更加复杂，同时带来了能源消耗大、运行费用高等问题。北京农学院农林废弃物资源化利用团队发明了一种新型的湍旋式废气处理装置。该装置主要由pH仪、排污口、进气口、初级处理段、湍旋变速器、强化处理段、气体脱水段、排气口等组成，它还包括各处理阶段的异味脱除剂供给系统。从发酵室排出的废气，由进气口进入装置的初级处理段，由于进气口的切线导向作用，废气在初级处理段与液状异味脱除剂供给系统喷出的异味脱除剂发生碰撞，充分混合，反应后产生的固体在离心力的作用下，沉降到排污口排出。初级净化后的气体经过湍旋变速器，在湍旋变速器的作用下，气体高速旋转湍流状上升进入强化处理段。在强化处理段上部与喷出的异味脱除剂发生激烈碰撞，使气、液两相充分混合，相互作用，异味脱除剂与有机、无机硫化物、氨等带有异味的气体发生反应，产生微量的中性固体颗粒，在离心力及重力的作用下，沿装置内壁流下，经排污口排出。净化后的气体进入脱水处理段，在导流器的作用下，气体将水分脱掉，净化后的气体经排气口排放。该装置结构合理、工艺简单、体积小、能处理较大流量的废气、耗能低、运行费用低、净化效率高、使用寿命长，适用于畜禽粪便等有机物发酵过程中产生的带有异味的气体的净化工程。

现代堆肥生产中，工艺设计越来越趋向于自动化和智能化。与上述预处理设备、发酵设备和后处理设备相配套，将各种设备技术集成进行统一控制的自动控制系统和设备，近年来备受堆肥厂青睐。

自动控制系统是由控制台、数据采集器、电器控制柜、检测设备和调控设备5部分组成的一个闭环控制系统。控制台是监控系统的核心，是人机对话的窗口。控制台由一台计算机和专用软件构成，完成对现场各种参数数据的显示、存储和分析，并能按照预定的生产工艺曲线向调控设备发出调控动作指令。数据采集器是控制台连接电器控制柜和检测设备的通信枢纽、神经中枢，它将控制台、电器控制柜和检测设备连成一个整体，完成数据的上传和指令的下达。电器控制柜将控制台的动作指令转换成调控设备的动作信号，控制相应的调控设备动作。检测设备由温度、湿度和气体传感器组成，实时监测现场的各种参数，并通过数据采集器上传给控制台。调控设备根据电器控制柜的控制信号，分别完成堆料翻抛、加氧、通风、加湿、加热等动作，实现现场环境参数的最优化。

（二）影响堆肥的因素

影响堆肥的因素很多，要想得到优质肥料，就必须对一些因素进行人为控制，并找到最合适的参数组合。

1. 辅料

添加辅料的目的是调节堆体的碳氮比、水分和孔隙度等。通常选择的辅料应该是干燥、吸水能力强、能够起支撑作用的廉价材料，例如，可利用稻壳粉为调理剂，调节含水量。研究表明，利用细小的秸秆作为调理剂，有利于加快堆肥进程，提高堆肥效率。

2. 水分

在堆肥过程中，水分是一个重要的因素。堆肥的起始含水量一般为50%~60%，最低40%。水分过低，堆肥环境不适合微生物生长；水分过高则易堵塞堆料中的空隙，影响氧气进入而导致厌氧发酵，减慢降解速度，延长堆腐时间。

3. 通风

通风可以用来控制堆肥过程中的温度和氧含量，因此，通风被认为是堆肥系统中最重要的因素。通风量过大，可带走大量水分和热量，降低堆体温度；通风量不足，不能满足好氧微生物生存的需要。大部分研究者认为，堆体中的氧含量保持在5%~15%比较适宜。

4. pH值

在堆肥过程中，pH值是一个重要的因素。微生物生长繁殖需要一定的酸碱度，一般细菌适合中性环境，放线菌适合偏碱性环境，酵母菌和霉菌适合在偏酸环境中生长。因此，找到合适的pH值环境，对堆肥有着重要的意义。如果两种菌株适合的pH值环境相似，那么它们共同作用的机会就会很大。一般来讲，pH值在6.0~9.0都可以进行堆肥化。但有研究发现，在堆肥初期堆体的pH值降低，低的pH值有时会严重地抑制堆肥化反应的进行。

5. 碳氮比

碳是微生物利用的能源，氮是微生物的营养物质。堆肥化操

作的一个关键因素是堆料的碳氮比，其值一般在（20～30）∶1
比较适宜。在堆肥过程中，碳源被消耗，转化成二氧化碳和腐殖
质物质，而氮则以氨气的形式散失或变为硝酸盐和亚硝酸盐，或
是被生物体同化吸收。

　　6. 微生物

　　微生物是堆肥过程的主要影响因子。在堆体中加入微生物能
起到去除堆体臭味、缩短堆肥时间、提高堆肥质量的作用。研究
表明，单一的细菌、真菌、放线菌群体，无论其活性有多高，在
加快堆肥化进程方面都比不上多种微生物群体的共同作用。在堆
肥中所用的微生物菌剂，是适用于无害化作用的有益微生物优良
菌株（包括芽孢杆菌、放线菌、乳酸菌、丝状真菌和光合菌
等），应用优化微生物生态学技术培养微生物，形成微生物菌剂。

　　在好氧堆肥过程中，微生物的活动、演替比较复杂，根据堆
肥过程中的温度变化，可将其分为 3 个阶段：好氧微生物在分解
有机物过程中释放热量而造成温度不断上升的升温阶段，纤维素
和半纤维素等难分解物质被利用的高温阶段，以及对较难分解有
机物做进一步降解的降温阶段，同时微生物种群也发生相应的变
化。这 3 个阶段由于环境不同，其作用的菌群也有所不同。细菌
是中温阶段的主要作用菌群，对发酵升温起主要作用，主要包括
一些中温细菌，也会有些中温真菌。放线菌是高温阶段的主要作
用菌群，主要是一些嗜热菌群。芽孢杆菌、链霉菌、小多孢菌和
高温放线菌是堆肥过程中的优势种。

　　（三）现代堆肥工艺程序

　　传统的堆肥技术通常采用露天堆积，堆料内部处于厌氧环
境，这种发酵方法占地大、时间长，而且发酵不彻底。现代堆肥
工艺通常采用好氧堆肥工艺，其基本堆肥流程包括前处理、一次
发酵、二次发酵、后处理等工序。

1. 前处理

前处理的主要任务是调整水分含量和碳氮比。前处理的工作还包含粉碎、分选和筛分等工序。这些工序可以去除玻璃、石头、塑料布等粗大垃圾和不能堆肥的垃圾，并通过粉碎使堆肥原料的含水量达到一定程度的均匀化；同时，在堆肥过程中保持一定的孔隙，使原料的表面积增加，便于微生物定殖和活动，从而提高发酵的效率。在此阶段降低水分含量、增加透气性和调整碳氮比的主要措施是添加有机调理剂和膨胀剂，例如加入堆肥腐熟物，或者添加锯末、秸秆、稻壳、枯枝落叶、花生壳、褐煤、沸石等。

尽管对于人为添加微生物菌剂对堆肥的作用尚有争议，但是在前处理阶段添加一定量的微生物菌剂有利于堆肥进程的展开。在堆肥初期添加接种剂能够提高堆肥初期微生物的群体，增强微生物的降解活性，达到促进堆肥腐熟、缩短堆肥周期的目的。在堆肥初期添加合适的固氮菌有利于减少堆肥过程中氮素的损失，提高堆肥产品的养分含量。

在前处理时期接种营养调节剂，如糖、蛋白质、氯化亚铁、硝酸钾、磷酸镁等，能够为堆肥中的微生物繁殖提供易于利用的营养物质，从而增加堆肥开始时的微生物活性，加快堆肥的腐熟进程。

针对畜禽粪便产生臭味和堆料中重金属、抗生素、雌激素污染物残留等问题，建立有机肥好氧发酵臭气处理工艺和消除特征污染物的工艺技术体系十分必要。这些工艺技术与上述畜禽粪污处理设备、专用微生物菌剂进行有机组合和升级优化，进一步形成适于牛粪、猪粪、羊粪、鸡粪和鸭粪5类主要畜禽粪便的处理技术体系，用于安全优质有机肥产品的加工和生产。

随着我国规模化畜禽养殖业的快速发展，源于饲料重金属添加剂和兽药残留污染的畜禽粪便大量产生。据统计，我国每年使用的微量元素添加剂为15万~18万吨，其中有10万吨左右未被动物利用而随禽畜粪便排出，集约化畜禽养殖场的畜禽粪便已成为一些污染物的富集库。由于大部分商品有机肥中的重金属含量远远高于土壤背景值，长期大量施用会导致重金属元素在土壤中的累积，最终影响食品安全，而且存在进入食物链最终危害人体健康的安全隐患。人们对重金属元素通过饲料添加—禽畜吸收—禽畜排泄—施入土壤—作物吸收这种途径进入人类食物链而影响人类健康的危害性日益重视。此外，大量的劣质、富集重金属和兽药抗生素、激素类污染物的有机肥在农田中推广施用，将会对生态环境、土壤质量、农产品安全和人类自身生存造成严重的后果。因此，现代堆肥工艺在预处理阶段应该添加重金属钝化剂、激素类和抗生素类强氧化剂等，对堆肥中的重金属进行钝化并对堆肥中的兽药抗生素类物质和激素类物质进行彻底降解，从而保证堆肥产品的安全，可以用于当前绿色食品和有机食品的生产。

　　2. 一次发酵

　　一次发酵又称为主发酵，其技术要点是掌握好堆肥温度的变化，并以此作为判断堆肥发酵是否成功的主要依据，具体的发酵时间依物料性质不同而差异较大。

　　（1）物料混合。根据堆肥配方设计，调整好堆肥主物料的水分含量、碳氮比和pH值后，用人工或机械方法将各种物料充分混合均匀。

　　（2）砌堆发酵。将混匀的堆肥物料堆成垛状，一般条垛的底部宽度为3米，高度为1.5~2.0米，长度视堆肥原料的数量和场地条件而定。可以排列成多条平行的条垛，条垛的断面形状通常为梯形或三角形。

　　（3）测定温度。温度是堆肥过程中的关键指标。测定堆肥温度最好采用指针式金属温度计，也可以用带有金属保护套的长杆 100℃水银或酒精温度计来测定。测温点为距肥堆表层 25~30厘米深处，温度计插入肥堆后 5~10 分钟读数，每个肥堆至少在不同位置测定 5 个点，并计算平均温度，同时记录天气情况和气温。从物料砌堆后第二天开始，每天上午 10 时连续测定，并把温度绘成曲线，如最高堆温达 50℃ 以上，并连续维持 5~7 天，则符合无害化标准。

（4）翻堆。翻堆的目的是增加氧气、加快原料中的水分散失、使原料混合均匀和降温。堆肥发酵一般在中层，表层通风好、物料较干，不利于发酵；底层由于供氧不足，微生物代谢不旺盛，也不利于发酵。通过翻堆可以达到混料和增氧的目的，使堆肥发酵均匀。翻堆也可防止局部堆体温度过高而导致腐熟菌种失活。

3. 二次发酵

二次发酵又称为后发酵。此阶段接着上述一次发酵的产物继续进行分解。经过主发酵（一次发酵）的半成品被送到二次发酵场所，将一次发酵过程中尚未分解的易分解有机物和较难分解的有机物进一步转化，使之变成腐殖酸、氨基酸等比较稳定的有机物，以获得完全腐熟的堆肥制品。一般堆成 2~3 米高的堆垛进行二次发酵并腐熟，此时要注意防止雨水流入。当堆肥温度稳定后，堆体进入后熟阶段，通常每周翻堆 1 次，二次发酵时间一般为 20~30 天。

4. 后处理

经过一次发酵和二次发酵的堆肥产物已经成为粗有机肥产品，可以直接用于农田、果园、菜园等，也可经过进一步的精选，制成精有机肥产品，或者根据市场需求和生产要求，添加氮、磷、钾等制成有机-无机复合肥，做成袋装产品，用于种植业、林业生产中。

【**典型案例**】

案例1

黑龙江省肇东市黎明镇。该案例将畜禽粪污与秸秆按照碳氮比（20~35）：1进行混合，含水量调节至60%~75%，加入微生物发酵剂，在坑塘进行堆沤发酵。在发酵过程中温度可升高到50~70℃，在发酵60~80天时翻抛1次，随后继续发酵40天左右，总计发酵100~120天；发酵到80天左右时，往往出现散失大量水分的现象，可向堆体中添加养殖污水，确保发酵物料含水量大于50%；发酵完成后，进行采样检测，当符合还田要求时，即可抛撒还田。

案例2

新疆维吾尔自治区吐鲁番市鄯善县连木沁镇。该案例在牛舍外利用圈舍墙体建造长40米、宽5米、高1.5米的堆粪池，建设投资5万元。每周清理圈舍1次，收集牛舍粪污，用铲车转运至堆粪池，粪堆高度略高于池高，顶部覆盖塑料膜，覆膜沤肥；堆肥4个月腐熟后，有机肥全部用于自家40亩葡萄地，每年节约化肥成本2万~3万元，增加了葡萄种植基地的土壤肥力，提高了葡萄的品质。

案例3

青海省海东市平安区三合镇。该案例将秸秆、尾菜等废弃物粉碎后，与畜禽粪污混合均匀；将混匀后的物料送至发酵罐中，温度升高至80℃以上2~4小时，杀灭病原菌；根据物料情况和配方要求酌情加入一些辅料调节物料湿度和碳氮比；在降温至65℃以下后，加入发酵菌后发酵6~18小时；温度降至常温时，加入功能性有益菌培养2小时左右，形成功能性有机肥。其自动化程度高，操作简单，加工时间短，批次运行全过程只需10~24小时；腐熟周期短，后腐熟时间7天左右；场地要求低，不需建设大型堆肥场，生产过程中无恶臭，无蝇虫滋生。

案例4

湖北省钟祥市官庄湖农场林湖社区。该案例引进一体化智能好氧发酵仓设备，对畜禽粪污、农作物秸秆、蘑菇菌糠等农业废弃物进行发酵处理，同时配置畜禽粪污连续熟化装置系统和畜禽粪便好氧发酵净化系统，该发酵仓系统集成化、结构模块化、全过程智能化控制，集输送、混料、发酵、供氧、匀翻、监测、控制、冷凝净化和废气自动净化达标排放等功能于一体，整个过程在全密闭环境中进行，运行自动化，不需要人工倒运物料，达到"三无"排放，循环利用。整个工艺流程分为前处理、高温发酵和陈化3个过程。将混合好的原料送入发酵仓，每2小时从发酵堆底部进行强制通风曝气1次，2天左右翻堆1次，控制发酵温度在50~65℃，发酵周期为12天，发酵好的半成品出料后，送至陈化车间进行二次发酵处理，二次发酵周期为30天以上，粪污处理效率较高，有利于控制臭气污染。

案例5

宁夏回族自治区固原市西吉县兴隆镇。该案例采用村企合作的方式，将肉牛粪污通过条垛式堆肥发酵产生初级有机肥，再将初级有机肥统一运送到有机肥加工中心生产有机肥料。具体流程：将80%的粪污和20%的粉碎秸秆混合均匀，每8米³物料接种1千克EM菌剂，随后进行条垛式堆肥处理。垛宽1.5~2.5米、垛高1.0~1.5米，2~3天翻抛1次，当温度超过70℃时增加翻堆次数，高温发酵15天后，再进行二次发酵30天，堆体温度接近环境温度时，完成发酵过程形成初级有机肥。

案例6

辽宁省大连市庄河市吴炉镇。该案例采用条垛式堆肥+高分子膜覆盖的形式对畜禽粪污进行处理。采用的高分子膜材料具有特制微孔、次微孔，可限制氨气等有害气体通过，氮元素保存率可达到70%，并允许水、二氧化碳等小分子通过，保持堆体含水量，实现堆肥的稳定发酵；采用农业秸秆等干物料调节堆体碳氮比和含水量，条垛堆肥基本参数为含水量55%~65%、碳氮比(25~30)：1、气体供应量0.05~0.20米³/分，条垛堆体建设规格为长35米、宽8米，水泥防渗地面，铺设送风管路和废液回收管路，设备包括供风系统、温控系统、热感应系统、压力系统以及高分子膜。

资料来源：全国畜牧兽医信息网

第二节　畜禽粪便饲料化利用技术

一、畜禽粪便饲料化利用概述

近年来，随着畜禽养殖业的快速发展，商品饲料的需求量大增。在饲料生产与供应方面，我国每年需要进口大量的饲料原料用于饲料生产。因此，开发新的蛋白饲料日益受到商家和科学家的重视。

（一）畜禽粪便的营养成分

畜禽粪便是优质的有机肥料，不仅包含农作物所需的氮、磷、钾等多种营养成分，还含有大量可替代饲料的营养成分。通过检测发现，畜禽粪便中的粗蛋白质含量比较丰富。因此大多数种类的畜禽粪便，其中的粗蛋白质含量与畜禽所采食的饲料中的粗蛋白质含量相当，甚至是后者的2倍。此外，畜禽粪便中还含有丰富的氨基酸，占畜禽粪便总量的 8%～10%，并且其中的精氨酸、蛋氨酸和胱氨酸含量是玉米所不及的。畜禽粪便中还含有粗脂肪、磷、钙、镁、钠、铁、铜、锰、锌等多种营养物质。因此，开发畜禽粪便为饲料，不仅是畜禽粪便资源化处理的一种重要途径，还可缓解畜禽养殖的饲料缺口。

畜禽粪便的营养价值随畜禽种类、畜禽日粮成分、饲养管理条件的不同而异。畜禽种类是决定粪便营养价值的最关键因素。例如，鸡由于消化道短，消化吸收能力低，一般只能吸收所喂饲料的30%，其余饲料都随粪便排泄出去。因此，鸡粪中含有多种营养成分，也是最常见的用来作饲料的粪便种类。猪粪的营养价值略低于鸡粪，牛粪的营养价值比猪粪要低。但是，利用畜禽粪便制备的饲料，虽然营养价值较高，但是营养并不全面，还需要配合其他饲料进行混合饲养。例如，鸡粪饲料非蛋白氮含量高，所以饲喂牛、羊等草食动物时利用价值更高。在使用时适当添加土霉素、食盐、小苏打、熟石膏等饲用添加剂，效果更佳。

（二）畜禽粪便作为饲料的安全性

粪便中所含有的氮、矿物质和纤维素等，能够代替饲料中的营养成分。由于畜禽粪便饲料化利用的经济效益不十分明显，而且担心畜禽粪便中所携带的病原菌会对畜禽健康养殖造成威胁，因此 1967 年美国限制使用畜禽粪便作饲料。但目前研究结果认为，畜禽粪便经过适当处理，作为养殖业饲料是安全的。

畜禽粪便中含有大量的细菌、病毒等病原微生物和寄生虫等，可能还存在杀虫剂、抗生素、重金属、激素等有害物质残留。因此，在将畜禽粪便作为饲料应用之前，需要对畜禽粪便进行无害化处理，禁用治疗期的畜禽粪便，以保证再生饲料的安全性和适口性。

二、畜禽粪便饲料化处理主要方法

畜禽粪便饲料化处理的方法主要包括以下 5 种。

(一) 新鲜粪便直接作饲料

新鲜粪便用作家畜饲料,简便易行。将鲜兔粪按照 3∶1 代替麸皮拌料喂猪,平均每增加 1 千克活重可节省 0.96 千克饲料,且猪的增重、屠宰率和品质与对照组没有差异。

鸡粪尤其适于该种方法。由于鸡的消化道短,食物从吃入到排出约 4 小时,所食饲料 70% 左右的营养物质未被消化而直接排出。在排出的鸡粪中按照干物质计算,粗蛋白质含量为 20% ~ 30%,氨基酸含量与玉米等谷物相当甚至还高,鸡粪中富含微量元素等。因此,可以利用鸡粪代替部分精料来饲喂猪、牛等家畜。但是,鸡粪作饲料的安全性问题也不容忽视。鸡粪中含有吲哚、脂类、尿素,还有病原微生物、寄生虫等,由于其复杂的成分组成,鸡粪在作家畜饲料时容易造成畜禽间交叉感染或传染病暴发。因此,在使用之前,可以用福尔马林溶液(甲醛的质量分数为 37%)等化学药剂进行喷洒搅拌,24 小时后就可把其中的吲哚、脂类、尿素、病原微生物等去除;也可以接种米曲霉和白地霉,再用蒸锅杀菌达到去除有害物质和病原微生物的目的。

(二) 青贮

该方法简单易行,效果好,使用较为普遍。具体的做法:将新鲜禽粪与其他饲草、糠麸、玉米粉等混合,调节混合物的含水量至 40% 左右,装入塑料袋或者其他容器内压实,在密闭条件下进行储藏,经过 20 ~ 40 天即可使用。该方法处理过的饲料能够杀死粪便中的病原微生物、寄生虫等,尤其适于在血吸虫病流行的地区使用。处理过的饲料还具有特殊的酸香味道,可以提高饲料的适口性。

（三）干燥法

该方法主要是利用高温使畜禽粪便中迅速失水。该方法处理效率高效，且设备简单，投资少。经过处理的粪便干燥后，不仅能更好地保存其中的营养物质，且微生物数量大大减少，无臭气，也便于运输和储存，满足卫生防疫和商品饲料的生产要求。常用的技术有自然干燥、高温快速干燥和烘干膨化干燥等。

1. 自然干燥

将畜禽粪便除去杂物后，粉碎、过筛，置于露天干燥地方，经过日光照射后可作为饲料用。此方法具有投入成本低、操作简单的优点。但是，该方法占地面积大，受天气影响大，如果碰上连续阴雨，粪便难以及时晒干。另外，干燥时处于开放的空间，会有臭味产生，氨挥发严重，干燥时间越长，养分损失越多，产品的养分含量降低。此外，该方法也存在病原微生物、杂草种子和寄生虫卵等消灭不彻底的问题。如果有棚膜条件的，可以先将粪便进行初步脱水后，再在棚内晾晒，效果较好。

2. 高温快速干燥

该方法是利用燃煤等对粪便进行人工干燥。该方法不仅需要消耗能源，还需要基本的设备投入——干燥机。目前常用的干燥机大多为回旋式滚筒干燥机。例如，鲜鸡粪的含水量通常为70%~75%，经过滚筒干燥，受到500~550℃甚至更高温度的作用，鸡粪中的水分可以降低到18%以下。该方法的优点是干燥速度快、不受天气影响，适合批量处理，同时可以快速达到除臭，消灭病原微生物、寄生虫卵、杂草种子以及有害气体等的目的。但是，该方法一次性投资较大，煤、电等耗能高，在干燥时处理恶臭的气体耗水量大，特别是在处理产物再遇水时极易产生更加恶臭的气味。该方法应用比较广泛。

3. 烘干膨化干燥

该方法是利用热效应和喷放机械处理畜禽粪便，达到既除臭又消灭病原微生物、寄生虫卵和杂草种子等的目的。该方法适于批量处理，但也存在一次性投资大、能耗高等问题。在夏季批量处理鸡粪时，仍然有臭气产生，需要较高的成本再进行除臭。该方法应用比较广泛。

4. 机械脱水

该方法是利用物理压榨或者离心的方式加速畜禽粪便的脱水，可以批量处理畜禽粪便，但是也存在一次性投入高、能耗高、仅能脱水而无法解决臭气污染等问题。该方法应用较少。

（四）发酵法

1. 普通发酵法

该方法主要是利用畜禽粪便中原有微生物在合适的条件下进行新陈代谢，在产生热量的同时，消灭粪便中的病原微生物、寄生虫卵和杂草种子等。

以鸡粪为例。将玉米粉与棉粕或菜粕按照 1：1 的比例混合，添加 0.5% 的食盐，搅拌均匀制成混合料。根据鲜鸡粪的含水量加入预制的混合料，调整物料至用手紧握能成团、轻触即散的状态。然后堆置成高 0.6 米、宽 1.0 米的梯形堆，长度根据空间而定，没有限制。堆积时让物料保持自然松散的状态，不可踩压。在堆积完成后，表面覆盖草帘、秸秆等透气保温材料。堆料中原有的微生物开始分解其中的有机物，同时产热，维持堆体的温度 55~65℃ 就可以杀灭绝大多数病原微生物和寄生虫卵，并将鸡粪中的非蛋白氮转化为菌体蛋白，同时产生 B 族维生素、抗生素及酶类等有益成分。一般堆积 36 小时后即可进行 1 次翻堆，其间如果堆体温度下降，则说明堆体中的氧气耗尽，需要及时进行翻堆增氧。翻堆后 2~3 天可将发酵料在日光下暴晒干燥，将干燥后的鸡粪发酵料粉碎，去除其中的鸡毛等杂质，即可装袋用于家畜饲喂。用该方法生产的鸡粪饲料具有清香味，适口性很好。

在发酵前，也可在发酵料中添加适量的能量饲料或者能遮挡鸡粪不良气味的香味剂，如水果香型、谷香型等，以增强适口性。为了弥补鸡粪中粗蛋白质可利用能值较低，可与玉米粉等能量饲料混合，调整能氮比，用于促进瘤胃微生物群落发育，增强牛、羊等反刍家畜对鸡粪饲料的适应性。也可考虑将发酵产物制成颗粒型饲料，方便运输、储藏和食用。

　　2. 两段发酵法

　　两段发酵法是在新鲜鸡粪中添加外源微生物，通过好氧发酵与厌氧发酵相结合的方法制备饲料。具体的制作技术如下。

　　①将新鲜的鸡粪进行去杂，去除鸡毛、塑料等不适于发酵的杂物。②按照32.5%的鲜鸡粪、40.0%木薯粉或米糠、15.0%麸皮、10.0%玉米面、2.0%食盐的比例混合，并加入0.5%已激活的活性多酶糖化菌进行充分搅拌。调节混合物料的含水量至60%左右，即以手握物料指缝中见水而不滴下为宜。③用塑料布覆盖堆料。保持在28~37℃进行好氧发酵，发酵12小时后翻堆，继续好氧发酵24小时。④将堆料装入水泥池中或者足够大的容器中，层层压实，在堆体上面覆盖一层塑料布，并用细沙等覆盖，确保不透气。⑤继续进行厌氧发酵，其间会产生挥发性脂肪酸和乳酸等有机酸性物质，能显著抑制白痢杆菌等肠道病菌的繁殖，提高畜禽的抗病性。经过10~15天后，即可制成无菌、营养丰富、颜色金黄、散发苹果香味的饲料。制成的饲料还可以通过自然晾晒或者机械烘干的方式进一步脱水加工制成颗粒型饲料。

　　3. 微发酵法

　　此方法适合于鸡粪饲料化。具体方法如下。

　　（1）准备微贮设施和原料。如果鸡场规模在100只以上。可以选择离鸡舍较近、地势高燥、向阳、排水良好的地方，挖土窖或者建水泥池作为微贮窖。如果鸡场规模在100只以下，也可以

不建微贮窖，直接用 2 个大水缸进行微贮。

根据鸡粪的量，按照每 1 000 千克鸡粪添加食盐 2 千克、尿素 3 千克、草粉（木薯粉或者米糠等）250 千克的比例准备原料。同时准备 10 克鸡粪发酵培养基和适量塑料膜。

（2）微贮鸡粪饲料的制备。选用新鲜无污染的鸡粪，首先去除其中的鸡毛、塑料等不能发酵的杂物。再准备适量的水，依次将食盐、尿素、相应的鸡粪发酵培养基溶解于水中，制备成培养基溶液。然后将配制好的培养基溶液和草粉分别加入鸡粪中，边搅拌边加水，使其混合均匀，并随时检查混合料的含水量，调整其含水量至 60% 左右。现场检验的标准是以手握物料指缝中见水而不滴下为宜。然后将建造的微贮窖的底部铺上一层塑料布（如用水缸可直接装入物料），将物料分层放入，每层装入 20～40 厘米，踏实压紧，排出空气。物料装至略高于窖口或者与缸口平齐，上面覆盖一层塑料布进行密封，再在上面覆盖黄土或者沙土 50 厘米左右，彻底密封。之后经常检查，确保密封良好并防水渗漏等。经过 7～15 天即可完成发酵过程。

4. 现代发酵法

随着畜禽养殖规模化、集约化程度的提高，畜禽粪便的产量大增，但是以上发酵方法不适于大规模处理。可以利用翻堆机进行规模化好氧发酵。发酵过的畜禽粪便产物应用灵活，既可以用于饲料，也可以用作肥料，还可以用于水产饲料的添加剂。

（五）分解法

该方法是利用畜禽粪便饲养蝇、蚯蚓、蜗牛等动物，再将动物粉碎加工成粉状或浆状，用以饲喂畜禽。蝇、蚯蚓、蜗牛等动物利用畜禽粪便中的有机物进行生长发育，这些动物体内含有丰富的蛋白质，因此是很好的动物性蛋白质饲料，且品质很高。

1. 蝇蛆饲养与利用

蝇蛆具有丰富的营养成分，据测定干蝇蛆粉中含有粗蛋白质59%~65%、脂肪12%、氨基酸44%，再加上苍蝇的繁殖能力惊人，利用畜禽粪便饲养蝇蛆，既处理了畜禽粪便，又生产了批量高品质的动物性蛋白质饲料，经济效益很高。

采取集约化、规模化生产设施，通过工程技术手段，实行紧密衔接的操作工序，集中供给蝇蛆滋生物质，连续生产大量蝇蛆蛋白。该方法采用两道车间工序，包括种蝇饲养和育蛆，组成一体化生产程序。种蝇严格采用笼养，商品蛆批量产出，批量收集处理。

（1）种蝇饲养。该程序包括蝇种羽化管理、产卵蝇饲养、蛆种收获与定量、种蝇更新制种等工序。

饲养种蝇的房间要求空气流通、新鲜，温度保持在24~30℃，相对湿度在50%~70%，每天光照能保证在10小时以上。种蝇采用笼养，目的是让雌蝇集中产卵。

蝇笼是长、宽、高各为0.5米的正方形笼子，通常利用粗铁丝或竹木条等做成。蝇笼的外面用塑料纱网罩上，并在其中一面留1个直径为20厘米的圆孔，孔口缝接一个布筒，平时扎紧，使用时将手从布筒伸入圆孔内便于操作。

笼架上主体放3层蝇笼。每笼养种蝇1万~1.5万只。首批种蝇可以购买引进无菌蝇或自行对野生蝇进行培育。将蛆育成蛹或将挖来的蛹经灭菌后挑选个大饱满者放进种笼内待其羽化即成无菌蝇种。笼内放水盘供种蝇饮水，需要每天换水。笼内放食盘，每天供应新鲜的由无菌蛆浆、红糖、酵母、防腐剂和水调成的营养食料。需要准备产卵缸和羽化缸。产卵缸内装有兑水的麸皮和引诱剂混合物，用来引诱雌蝇集中产卵。需要每天将料与卵移入幼虫培育盒内后更换新料。羽化缸是专供苍蝇换代时放入即将羽化的种蛹。

（2）种蝇淘汰。实现全进全出养殖法，即将20日龄的种蝇全部处死，然后加工成蝇粉备用，蝇笼经消毒处理后再用于培育下一批新种蝇。

（3）蛆的养殖。需要建立专门的育蛆房，要求温度保持在26～35℃，湿度保持在65%～70%，室内设有育蛆架、育蛆盆、温湿度计及加温设施等。由于幼虫怕光，因此育蛆房内不需要光照。育蛆盆内事先装入5～8厘米厚的以畜禽粪便为主的混合食料，含水量65%～75%。然后按照每千克食料放入1克蝇卵的比例，经过8～12小时卵即可孵化成蛆，通常每千克猪粪可以育蛆0.5千克。

经过5天蛆即可养育成熟，除留种须化成蛹以外，其余的蛆可以采用强光筛网法或者缺氧法，引导蛆与食料自行分开，然后全部收集起来经烤干加工成蛆粉，即为饲料，可以替代鱼粉配制混合饲料。

（4）选留蛹种。蛆化成蛹后用筛网将其与食料分离，然后挑选个大饱满者留种，放入蝇笼的羽化缸内，待其羽化即完成种蝇的换代。暂时不用的蛹也可以放入冰箱内保存，可存放15天。

2. 蚯蚓培养和利用

蚯蚓养殖有基料和饲料之分。蚯蚓养殖的成功与否和饲养基制作的好坏密切相关。饲养基是蚯蚓养殖的物质基础和技术关键，蚯蚓繁殖的速度，在很大程度上取决于饲养基的质量。

（1）基料。蚯蚓在基料中栖身、取食，因此基料是蚯蚓生活的基础。要求基料具有发酵腐熟、适口性好，具有细、烂、软，无酸臭、氨气等刺激性异味，营养丰富、易消化的特点。合格的饲养基料松散不板结，干湿度适中，无白蘑菇菌丝等。

基料的具体制作方法如下。

将畜禽粪便和各种植物的秸秆、杂草、树叶或者草料等按照3∶2的比例进行混合。其中，畜禽粪便的种类可以是新鲜的猪粪、牛粪等，但是鸡粪、鸭粪、羊粪、兔粪等适合作氮素饲料的粪便不宜单独使用，且以不超过粪便总量的1/4为宜。植物秸秆、杂草或者草料等需要进行预处理，以切成10~15厘米为宜。干粪或工业废渣等块状物应拍散成小块。堆制时，先铺一层20厘米厚的草料，再铺一层10厘米厚的粪料，如此草料与粪料交替铺6~8层，堆体大约达到1米高，堆体的长度和宽度随空间而定，无特殊限制。堆料时要保持料堆松散，不能压得太实。料堆制成后慢慢从堆顶喷水，直至堆体四周有水流出。用稀泥封好或者用塑料布覆盖。通常料堆在堆制的第二天即开始升温。4~5天即可上升至60℃，10天后进行翻堆。翻堆时将草料与粪料混合拌匀，将上层翻到下层，将四周的翻到中间。同时检验堆料的干湿程度，如果堆料中有白色菌丝长出，则说明物料偏干，需要及时补水。翻堆结束后重新用稀泥或者塑料布封好。再过10天进行第二次翻堆，与上次翻堆操作相同。如此经过1个月的堆制发酵即制成适于蚯蚓养殖的基料。

　　基料在发酵制作过程中主要经历以下3个阶段。

　　前熟期：该时期也称为糖料分解期。基料堆制好喷水，经3~4天，堆料中的碳水化合物、糖类、氨基酸等可以被高温微生物分解利用，待温度上升至60℃以上，大约经过10天，温度开始下降，至此完成前熟期。

　　纤维素分解期：在前熟期结束后进行第一次翻堆，在翻堆的同时检验堆料的含水量，调整水分至60%~70%，重新堆制后，纤维素分解菌即开始分解纤维素，此过程完成需要10天，之后进行第二次翻堆。

　　后熟期：在第二次翻堆时，随时检验、调整堆料的含水量，使堆料水分保持在 60%～70%，重新制成堆体，前期难降解的木质素开始进一步分解，此时期发挥作用的主要是真菌。发酵物料呈黑褐色细片状。在此时期，堆料中的其他微生物群落也出现特有的演替，各种微生物交替出现死亡，微生物逐渐减少，死亡的微生物遗体残留在物料中成为蚯蚓的好饲料。至此基料的制作过程完成，可进行品质鉴定和试投。

良好的基料需要完全腐熟。腐熟的标准：基料呈现黑褐色、无臭味、质地松软、不黏滞，pH 值 5.5～7.5。基料试投时应该先做小区试验，其中以投放 20～30 条蚯蚓为宜，1 天后观察蚯蚓是否正常。如果蚯蚓未出现异常反应，则说明基料发酵成功；如果蚯蚓出现死亡、逃跑、身体肿胀、萎缩等现象，则说明基料发酵不成功，需要进一步查明原因或重新发酵。如果实际操作中，没有时间安排重新发酵，可以在蚯蚓床的基料上先铺一层菜园土或山林土等腐殖质丰富的肥沃土壤，作为缓冲带。先将蚯蚓投放到缓冲带中，等蚯蚓能够适应后，且观察到大多数蚯蚓进入下层基料时，再将缓冲带撤去。

（2）饲料。在制作蚯蚓基料时，用到的植物茎叶、秸秆，以及能直接饲喂蚯蚓的烂瓜果、洗鱼水、鱼内脏等甜、腥味的材料，猪粪、鸡粪、牛粪等各种畜禽粪便都是饲养蚯蚓的好饲料。在配制饲料时，需要注意饲料的蛋白质含量不宜过高，否则饲料会因较多的蛋白质分解而产生恶臭气味，口感不好，影响蚯蚓采食，进而影响蚯蚓的生长和繁殖。饲料的配置比例与基料相同。

【典型案例】

案例 1

山东省青岛市莱西市姜山镇沟疃村。该案例为自繁自养小型猪场，存栏 260 头、出栏 400 头左右，配套南瓜种植面积

270 亩、蚯蚓养殖大棚 1 亩（2 个）。蚯蚓养殖条垛宽 1 米，添料厚度 10~20 厘米，每月添料 2 次以上；每隔 10 天左右除蚓粪、倒翻蚓床 1 次，根据生产情况定期收获蚯蚓；蚯蚓用作散养蛋鸡饲料，蚓肥用作种植绿皮南瓜的有机肥料；垫料和秸秆等通过好氧堆肥发酵，每年可生产有机肥 40~50 吨，通过有机肥和蚓肥还田利用，可有效提高土壤肥力、减少农田肥料投入 6 万~8 万元，具有明显的社会效益和生态效益。

案例 2

云南省楚雄彝族自治州禄丰市。该案例从事生猪、土鸡养殖，占地 80 亩，日产新鲜猪粪约 2 吨，污水 5~8 米^3。其配套建设种虫养殖房，将收集到的黑水虻虫卵孵化为幼虫；新鲜猪粪调节含水量后投入转化池，同步添加黑水虻幼虫，经 12~15 天培养转化后进行虫粪分离，部分幼虫作为留种继续培养。猪场每天产生的新鲜粪便全部用于黑水虻养殖，成虫用作蛋鸡饲料，残留物质（虫沙）用于生产有机肥原料，配套饲养 7 000 羽土鸡，年收益 105.0 万元，产有机肥 182.5 吨，年销售收入 10.9 万元（按 600 元/吨计）。

资料来源：全国畜牧兽医信息网

第三节 畜禽粪便能源化利用技术

一、畜禽粪便能源化概述

畜禽粪便转化成能源的途径主要有两条：一是直接燃烧，适于草原上的牛粪、马粪等；二是以厌氧发酵为核心的沼气法，适于在规模化、集约化畜禽健康养殖中应用。

沼气法的原理是利用厌氧细菌的分解作用，将有机物（碳水化合物、蛋白质和脂肪）经过厌氧消化作用转化为沼气和二氧化碳。沼气法具有生物多功能性，既能够营造良好的生态环境，治理环境污染，又能够开发新能源，为农户提供优质无害的肥料，从而取得综合利用效益。沼气法在净化生态环境方面具有明显的优势。一是该技术将污水中的不溶有机物变为溶解性有机物，实现了无害化生产，从而净化环境。二是利用该技术生产的沼气，能够实现多种用途应用。不仅可以用于燃烧产热，还可以用来发电，供居民日常生活。沼气还可以用于生产，如作为由汽油机或由柴油机改装而成的沼气机的燃料，进行发电或农副产品加工；用于沼气制造厌氧环境，储粮灭虫、保鲜果蔬；用沼气升温育苗、孵化、烘干农副产品等。沼液、沼渣可以直接排入农田或者加工成液体、固体有机肥等，施于农田、果园、林地等，用来改善土壤结构，增加土壤有机质，促进作物、果、蔬、林的增产增收；也可经过加工用作饲料等。

随着在建的和已建成的大中型沼气工程数量的不断上升，许多问题逐渐暴露出来。例如，修建大型沼气池及其配套设备一次性投资巨大；产气稳定性受气候、季节的影响较大；工程运行时间长，耗水多，残留大量沼液，其中有机污染物、氨氮等浓度高，很难达标排放，造成二次污染。大中型沼气工程的运营管理也出现新的问题。例如，管理制度不完善、工作人员积极性不高、技术工艺出现各种问题，导致产气不足；管理模式不合理、经济效益降低等问题，最终导致部分沼气工程的综合运行效率不高。

二、畜禽粪便沼气化原理

沼气发酵过程，实质上是畜禽粪便中的各种有机物质不断被微生物分解代谢，微生物从中获取能量和物质，以满足自身生长繁殖，同时大部分物质转化为甲烷和二氧化碳的过程。沼气发酵过程通常分为水解发酵、产酸和产甲烷 3 个阶段。一般参与沼气发酵的微生物分为发酵水解性细菌、产氢产乙酸菌和甲烷菌 3 类。经过一系列复杂的生物化学反应，物料中约 90% 的有机物被转化为沼气，10% 的被沼气微生物用于自身消耗。

（一）畜禽粪便产沼过程

1. 水解发酵阶段

各种固体有机物通常不能直接进入微生物体内被微生物利用，必须在好氧和厌氧微生物分泌的胞外酶、表面酶（纤维素酶、蛋白酶、脂肪酶）作用下，将固体有机质水解成分子量较小的可溶性单糖、氨基酸、甘油、脂肪酸等，这些分子量较小的可溶性物质进入微生物细胞内被进一步分解利用。

2. 产酸阶段

单糖、氨基酸、脂肪酸等各种可溶性物质在纤维素细菌、蛋白质细菌、脂肪细菌、果胶细菌胞内酶的作用下继续分解转化成小分子物质，如丁酸、丙酸、乙酸及醇、酮、醛等简单有机物；同时也有部分氢气、二氧化碳和氨等无机物释放出来。由于该阶段的主要产物是乙酸，大约占 70% 以上，因此被称为产酸阶段。参加这一阶段的细菌被称为产酸菌。

3. 产甲烷阶段

产甲烷菌将上一阶段分解出来的乙酸等简单有机物分解成甲烷和二氧化碳。其中，二氧化碳在氢气的作用下被还原成甲烷。该阶段被称为产气阶段或者产甲烷阶段。

上述 3 个阶段是相互依赖、相互制约的关系，三者之间保持动态平衡，才能维持发酵持续进行，沼气产量稳定。水解发酵阶段和产酸阶段的速度过慢或者过快，都将影响产甲烷阶段的正常进行。如果水解发酵阶段和产酸阶段的速度过慢，则原料分解速度低，发酵周期延长，产气速率下降；如果水解发酵阶段和产酸阶段速度过快，超过了产甲烷阶段所需要的速度，就会导致大量酸积累，引起物料 pH 值的下降，出现酸化现象，从而进一步抑制甲烷的产生。

（二）畜禽粪便产沼工艺

沼气发酵过程由多种细菌群共同参与完成，这些细菌在沼气池中进行新陈代谢和生长繁殖过程中，需要一定的生活条件。只有为这些微生物创造适宜的生活条件，才能促使大量的微生物迅速繁殖，才能加快沼气池内有机物的分解。此外，控制沼气池内发酵过程的正常运行也需要一定的条件。人工制取沼气必须具有合适的发酵原料（有机物）、沼气菌种、pH 值以及严格的厌氧环境和适宜的发酵温度。

1. 发酵原料

（1）发酵技术。沼气发酵原料是产生沼气的物质基础，也是沼气发酵细菌赖以生存的养分来源。通常根据发酵原料干物质浓度将厌氧发酵分为湿法厌氧发酵和干法厌氧发酵。湿法厌氧发酵的原料浓度一般在 10% 以下，原料呈液态；干法厌氧发酵的原料浓度一般在 17% 以上，原料呈固态。虽然含水量高，但没有或有少量自由流动水。

目前国内普遍采用的畜禽粪便湿法厌氧发酵技术，在处理采用干清粪的牛场或鸡场粪便时，需要将畜禽粪便干物质浓度稀释到 8% 左右，还需要消耗大量的清洁水，发酵后的产物浓度低，脱水处理相当困难，以至于发酵产物难以有效利用。

干法厌氧发酵能够在干物质浓度较高的情况下发酵产生沼气，可节约大量的水资源，处理后无沼液，沼渣可制成有机肥，基本上达到了零污染排放。该方法在德国、荷兰等国家和地区已经取得成功应用。干法厌氧发酵是"气肥联产"生产模式，其特点是"干"（法）、"大"（批量）、"连"（续化生产）3个字。干法发酵是相对于目前沼气的湿法发酵工艺而提出的，基本原理是畜禽粪便在发酵前不用添加大量的水，而是在固体状态下装入密闭的容器中进行厌氧发酵。发酵过程不断产生的沼气被收集并储存在储气罐里，在生产过程中没有沼液产生，最后得到的沼渣便是固态的有机肥，可对其进一步加工形成优质有机肥。沼气和有机肥生产在一个流程里"一气呵成"，具有水资源消耗少、资源化利用程度高、基本零排放、有机肥熟化程度好等优点。"大"（批量）和"连"（续化生产）是干法"气肥联产"生产线的又一显著特点，非常适合与大中型养殖场配套建设，形成养殖—"三化"处理—种植—养殖良性循环的产业链。

（2）发酵原料碳氮比。畜禽粪便中富含氮元素，这类原料经过动物肠胃系统充分消化后一般颗粒细小、粪质细腻，其中含有大量未经消化的中间产物，含水量较高。因此，在进行沼气发酵时可以直接利用，很容易分解产气，发酵时间短。

氮素是构成微生物躯体细胞质的重要原料，碳素不仅构成微生物细胞质，还负责为微生物提供生命活动的能量。发酵原料的碳氮比不同，沼气产生的质量和数量差异也比较大。从营养学和代谢作用的角度来看，沼气发酵细菌消耗碳的速度比消耗氮的速度快25~30倍。因此，在其他条件都具备的情况下，碳氮比为（25~30）∶1可以满足微生物对氮素和碳素的消耗需求。因此，原料的碳氮比在该范围内可以保证顺利产气。人工制沼过程中需要对投入沼气池的各种发酵原料进行配比以获得合适的碳氮比来保证产气稳定且持久。

2. 沼气菌种

通常参与沼气发酵的微生物分为发酵水解性细菌、产氢产乙酸菌和产甲烷菌 3 类，其中产甲烷菌是沼气发酵的核心菌群。此类细菌广泛存在于厌氧条件下富含有机物的地方，例如湖泊、沼泽、池塘底部，臭水沟，积水粪坑，屠宰场、酿造厂、豆制品厂、副食品加工厂等的阴沟，以及人工厌氧消化装置、沼气池等。

沼气发酵人工接种的目的包括两方面。一方面可以加速启动厌氧发酵的过程，而后接入的微生物在新的条件下繁殖增生，不断富集，以保证大量产气。农村沼气池中一般加入接种物的量为投入物料量的 10%~30%。另一方面加入适量的菌种可以避免沼气池发酵初期产酸过多而抑制沼气产出。通常接种量大，沼气产生量就大，沼气的质量也好；如果接种量不够，常常难以产气或者产气率较低，导致工程失败。

3. 严格的厌氧环境

沼气发酵需要一个严格的厌氧环境，厌氧分解菌和产甲烷菌的生长、发育、繁殖、代谢等生命活动都不需要氧气。环境存在少量的氧气就会抑制这些微生物的生命活动，甚至死亡。因此，在修建沼气池时要确保严格密闭，这不仅是收集沼气、储存沼气发酵原料的需要，也是保证沼气微生物正常生命活动、工程正常产气的需要。

4. 适宜的发酵温度

适宜的发酵温度能够保证沼气微生物快速生长繁殖，沼气产量足够多；而发酵温度不合适，沼气菌生长繁殖慢，沼气产量少甚至不产气。研究表明，温度在 10~70℃ 范围内均能完成产气过程。在此温度范围内，温度越高越有利于微生物生长代谢，有机物的降解速率越快，产气量越高；低于 10℃ 或高于 70℃ 时，微生物的活性均会受到严重抑制，产气量很少，甚至不产气。在产沼过程中，需要保持发酵温度的相对稳定，温度突然变化超过

5℃，产气会立刻受到影响。通常在不同温度范围内有不同的沼气微生物发挥作用：在 52~60℃ 范围发挥主要作用的是高温微生物，此为高温发酵；在 32~38℃ 范围发挥主要作用的是中温微生物，此为中温发酵；在 12~30℃ 范围发挥主要作用的是常温微生物，此为常温发酵。大量工程实践证明，农户用沼气池采用 15~25℃ 的常温发酵是最经济适用的。然而也恰恰是由于这个原因，导致一年之中产气量很不均匀：夏季产气量大，冬季产气量小甚至不产气。但是农户对沼气的需求却是冬季相对较大，这样就出现产气量与需求量之间的不平衡，需要加强冬季管理。增强保温，以保证冬季沼气的正常供应。

5. 适宜的 pH 值

产沼气微生物的生长、繁殖都要求发酵原料保持中性或微碱性。发酵原料过酸、过碱都会影响产气。正常产气要求发酵原料的 pH 值为 6~8。发酵原料在产沼气的过程中，其 pH 值会先由高降低，再升高，最后达到恒定。这是因为在发酵初期由于产酸菌的活动，池内产生大量的有机酸，会导致发酵环境呈现酸性；随着发酵的持续进行，氨化作用产生的氨会中和一部分有机酸，再加上甲烷菌的活动使大量的挥发性酸转化为甲烷和二氧化碳，pH 值逐渐回升到正常值。通常 pH 值的变化是发酵原料自行调节的过程，无需人为干预。但是在物料配比失当、管理不善、发酵过程受到破坏的情况下，有可能出现偏酸或者偏碱的情况，这时就需要人为加以调节。在实际案例中，由于加料过多造成的"酸化"现象时有发生。当沼气燃烧的火苗呈现黄色，说明沼气中的二氧化碳含量较高，沼液 pH 值下降。一旦总物料的 pH 值达到 6.5 以下，应立即停止进料并进行适量的回流搅拌，pH 值将逐渐上升并恢复正常。如果 pH 值达到 8.0 以上，应该投入接种污泥和堆沤过的秸草，使 pH 值逐渐下降，恢复正常值。

6. 适当搅拌

实践证明，适当的搅拌方法和强度，可以使发酵原料分布均匀，增强微生物与原料的接触，使之获取营养物质的机会增加，活性增强，生长、繁殖旺盛，从而提高产气量。搅拌又可以打碎原料，提高原料的利用率及能量转换效率，并有利于气体的释放。搅拌后，平均产气量可以提高30%。

沼气发酵体系是一个复杂的生态系统，微生物多样性结构决定了其发挥的功能。工程和工艺改进的最终目标都是提供给微生物适宜生长的发酵条件，使其充分发挥生态功能，从而能够高效降解和转化大分子有机物。因此，应用新的技术方法准确地把握沼气发酵体系中微生物群落结构与功能，创造适宜的微生物发酵条件是实现沼气发酵高效运行的关键。

【典型案例】

案例1

四川省南充市嘉陵区李渡镇。该案例养殖场（户）常年饲养母猪20余头，年出栏商品肉猪200~300头，粪污干稀分流后，少量粪便和尿污进入100米³地埋式沼气池厌氧发酵，产生的沼气为场内生活供能，沼液进入500米³储存池充分腐熟，在用肥时通过污水泵抽运到周边100余亩农田。通过沼气池、储液池、三轮运输车、吸污泵及管带等环保设施配套，粪肥还田利用替代农业种植2/3化肥用量，具有明显的经济效益、生态效益和社会效益。

案例2

河南省鹤壁市浚县小河镇。该案例养殖场（户）将养殖粪水汇入储存池暂存，然后泵入太阳能辅助加温沼气池进行厌氧发酵，加快生产沼气的速率及沼肥转化速率，比传统沼气池工艺处理周期减少 6 天以上。其养殖场每 100~300 头存栏生猪配套建设 30 米³ 粪污储存池和 70 米³ 沼气池，沼气供养殖户或周边农户使用，沼肥还田；每亩节省复合肥 4 千克，增加粮食产量 50 千克，每亩收益增加 150 元。畜禽粪污处理后转变为可利用的能源，降低了畜禽养殖对环境污染的影响。

资料来源：全国畜牧兽医信息网

第四节　畜禽养殖生物发酵床养殖技术

一、技术原理

发酵床养殖是综合利用微生物学、营养学、生态学、发酵工程学、热力学原理，以活性功能微生物作为物质能量"转换中枢"的一种生态环保养殖方式。其技术核心在于利用活性微生物复合菌群，长期、持续、稳定地将动物粪尿完全降解为优质有机肥和能量，实现养殖场无排放、无污染、无臭气，彻底解决规模养殖场的环境污染问题。下面以养猪为例介绍发酵床养殖技术。

发酵床养猪技术的原理是利用土壤里自然生长的微生物迅速降解、消化猪的排泄物。养殖者能够很容易地采集到土壤微生物，并进行培养、繁殖和广泛运用。发酵床养猪技术可以很好地解决现代养猪遇到的难题。一是减轻对环境的污染。采用发酵床养猪技术后，由于有机垫料里含有相当活性的土壤微生物，能够迅速有效地降解、消化猪的排泄物，不再需要清扫猪粪尿，也不会形成大量的冲圈污水，从而没有任何废弃物排出养猪场，真正达到养猪零排放的目的。二是改善猪舍环境、提高猪肉品质。发酵床结合特殊猪舍，使猪舍通风透气、阳光普照、温湿度均适合于猪的生长，再加上运动量的增加，猪能够健康地生长发育，养殖者也不再使用抗生素、抗菌性药物，提高了猪肉品质，能够生产出真正意义上的有机猪肉。三是变废为宝，提高饲料利用率。在发酵制作有机垫料时，需按一定比例将锯木屑等加入，通过土壤微生物的发酵，这些配料部分转化为猪的饲料。同时，由于猪健康地生长发育，饲料的转化率提高，一般可以节省饲料20%~30%。四是省工节本，提高效益。发酵床养猪技术不需要用水冲猪舍，不需要每天清除猪粪；生猪体内无寄生虫，无须治病；采用自动给食、自动饮水技术。采用发酵床养殖技术，降低了工人的劳动强度和养殖成本，经济效益十分明显。

二、发酵床猪舍的建造

（一）猪舍建设

新建猪场猪舍布局应根据地形确定，一般采用单排式或双排式。猪舍建设应坐北朝南，两栋猪舍的间距不小于10.0米，猪舍跨度一般为6.5~12.0米，檐高不小于2.4米，猪舍长度为30.0~60.0米屋顶可设计成单坡式、双坡式等形式，屋顶应采用遮光、隔热、防水材料制作，并设置天窗或通气窗（孔）；南北墙设置窗户或用保温隔热材料制作卷帘，北墙底部应设置通气孔。

猪栏一般采用单列式，过道位于北侧，宽约1.2米；靠走道的一侧设置不少于0.2米²/头或不小于1.2米宽的水泥饲喂台（又称休息台，约占栏舍面积的20%），食槽安装于水泥饲喂台上，发酵床上方应设置喷淋加湿装置；饮水器设在食槽对面南侧，距床面0.3~0.4米，下设集水槽或地漏；水泥饲喂台旁侧建设发酵床，发酵床底一般用水泥硬化，发酵床深度为0.5~0.8米。地势高燥的地方采用地下式发酵床；地势平坦的地方采用地上式或半地上式发酵床。

双坡单列式发酵床猪舍剖面见图 2-1，单坡单列式发酵床猪舍剖面见图 2-2，双坡双列式发酵床猪舍剖面见图 2-3。

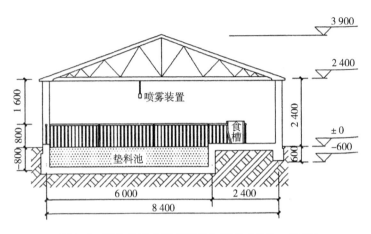

图 2-1 双坡单列式发酵床猪舍剖面（单位：毫米）

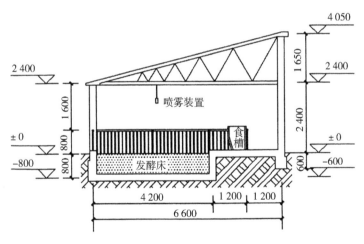

图 2-2 单坡单列式发酵床猪舍剖面（单位：毫米）

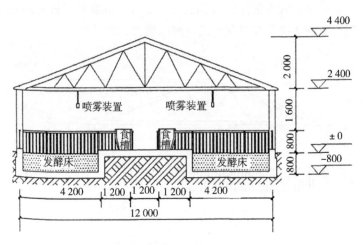

图2-3 双坡双列式发酵床猪舍剖面 (单位: 毫米)

（二）发酵床种类

发酵床又称垫料池，一般在整栋猪舍中相互贯通，深度为
0.5~1.0米，池壁四周使用砖墙，内部水泥粉面，池底一般应做
硬化处理。

1. 按发酵床与地面相对高度分类

按发酵床与地面的相对高度，发酵床可分为地上式、地下坑
式、半地上式。

（1）地上式发酵床。发酵床地面与猪舍地面同高，样式与
传统猪栏舍接近，猪栏三面砌墙、一面为采食台和走道，猪栏安
装金属栏杆及栏门。地上式发酵床适合于地下水位高、雨水易渗
透的地区，发酵床深度为0.6~0.8米。金属栏高度：公猪栏为
1.1~1.2米，母猪栏为1.0~1.1米，保育猪为0.60~0.65米、
中大猪为0.9~1.0米。

优点：猪栏高出地面，雨水不容易溅到垫料上，地面水不会

流到垫料中，床底面不积水；猪栏通风效果好；垫料进出方便。

缺点：猪舍整体高度较高，造价相对高些，猪转群不便；由于饲喂料台高出地面，饲喂不便；发酵床四周的垫料发酵受环境影响较大。

（2）地下坑式发酵床。在猪舍地面向下挖一定的深度形成发酵床，即发酵床在地面以下，不同类型猪栏地面下挖深度不一样，发酵床深度为 0.6~0.8 米。地下坑式发酵床适合于地下水位低、雨水不易渗透的地区，有利于保温，发酵效果好。猪栏安装金属栏杆及栏门，金属栏高度与地上式相同。

优点：猪舍整体高度较低，地上建筑成本低，造价相对低；床面与猪舍地面同高，猪转群、人员进出猪栏方便；采食台与地面平，投喂饲料方便。

缺点：雨水容易溅到垫料上；垫料进出不方便；整体通风比地上式发酵床差；地下水位高，床底面易积水。

（3）半地上式发酵床。发酵床部分在地面以上部分在地面以下。发酵床向地面下挖 0.3~0.4 米，即介于地上式发酵床与地下坑式发酵床之间，具有地上式发酵床和地下坑式发酵床的优点。

2. 按发酵床地面硬化程度分类

按发酵床地面硬化程度，发酵床分为硬化地面发酵床、非硬化地面发酵床。

（1）硬化地面发酵床。发酵床地面硬化有多种类型，如水泥整体硬化、水泥块硬化、红砖硬化、三合土硬化等。该类型发酵床造价较高、经久耐用，但地面易积水而影响微生物活性，因此硬化地面发酵床要做好排水设计，或采取水泥块、红砖平铺不勾缝硬化。

（2）非硬化地面发酵床。发酵床地面不进行硬化，只将发酵床地面整平，用素土夯实地面。该类型发酵床造价较低，水可渗透到地下而床面不积水，但要求发酵床较深。

（三）旧猪舍改建发酵床

发酵床养猪可以在原建猪舍的基础上加以改造。一般要求原猪舍坐北朝南，采光充分、通风良好，南北可以敞开，通常每间猪栏面积20~25米²（可饲养大猪15~20头），猪舍檐高2.8米以上。

旧猪舍改造，一般采用半地上式发酵床和地上式发酵床。一是在原猪舍内下挖0.3~0.4米，往地下挖土要选择离墙体6~10厘米的地方开挖，坑壁挖成45°斜坡，以免影响墙体安全，再砌0.3~0.4米高采食台和猪栏隔墙形成半地上式发酵床。二是如果旧猪舍檐高在3.3米以上，原水泥地面结实，可改造成地上式发酵床。在猪舍北面预留1.2米宽走道后建采食平台并安装食槽，南侧安装自动饮水器并将饮水器洒落的水引流到发酵床外。

三、工艺流程

（一）菌种选择

1. 自制菌种

（1）土著微生物采集与原种制作。

山地土著微生物采集方法：在当地山上落叶聚集较多的山谷中采集。把做得稍微有一点硬的大米饭（1.0~1.5千克）装入用杉木板做的小箱（25厘米×20厘米×10厘米）约1/3处，上面盖上宣纸，用线绳系好口，将其埋在当地山上落叶聚集较多的山谷中。为防止被野生动物糟蹋，木箱最好罩上铁丝网。夏季经4~5天，春秋经6~7天，周边的土著微生物便可潜入到米饭中，形成白色菌落。把变成稀软状态的米饭取回后装入坛子里，然后掺入原材料量 1/2 左右的红糖，将其混合均匀（体积是坛子的 1/3），盖上宣纸，用线绳系好口，放置在温度为 18℃ 左右的地方。放置 7 天左右，内容物就会变成液体状态，饭粒多少会有些残留，但不碍事。这就是土著微生物原液。

水田土著微生物采集方法：秋季，当刚收割后的稻茬上有白色液体溢出时，把装好米饭并盖上宣纸的木箱倒扣在稻茬上，这样稻茬穿透宣纸接触米饭，很容易采集到稻草菌。约 7 天后，木箱的米饭变成粉红色稀泥状态。同山地土著微生物采集方法一样，将米饭与红糖以 2：1 比例拌匀，装坛子、盖宣纸、系绳。5~7 天后内容物变成原液。在稻茬上采取的土著微生物对低温冷害有抵抗力，用于猪舍、鸡舍，效果很好。

原种制作方法：把采集的土著微生物原液稀释 500 倍与麦麸或米糠混拌，再加入 500 倍的植物营养液、生鱼氨基酸、乳酸菌等，调整含水量至 65%~70%。装在能通气的口袋或水果筐中，或堆积在地面上，厚度以 30 厘米左右为宜，在室温 18℃ 时发酵 2~3 天，就可以看到米糠上形成的白色菌丝，此时堆积物内温度可达到 50℃ 左右，应每天翻 1~2 次，经过 5~7 天，可形成疏松白色的土著微生物原种。

在柞树叶、松树叶丛中，采集白色菌落，直接制作原种，具体方法：将采集来的富叶土菌丝 0.5 千克与米饭 1.0 千克拌匀，调整含水量至 90%，放置 24 小时（温度 20℃），此时，富叶土菌丝扩散到米饭上，再将其与麦麸或米糠 30~50 千克拌匀（含水量要求 65%~70%），为了提高原种质量，最好用通气的水果筐，这样不翻堆也可做出较好的原种。

菌种的保存：制作好的菌种经过 7~8 天的培养即可装袋，放在阴凉的房间里备用，一般要求 3~6 个月使用完，最好现配现用。

（2）自制培养微生物菌种的原种制作方法。以充分腐熟、聚集了土著微生物的畜禽粪便为原料，通过添加新鲜的碳源，如糖蜜、淀粉等，以及其他营养物质如酵母提取物、蛋白胨、植物提取物、奶粉等，按原料∶水为1∶（10~15）的比例，在室温下（20~37℃）培养3~10天，进行扩繁制作原种，然后通过普通纱布过滤，将过滤液作为接种剂，接种量为0.5~1.0千克/米²，用喷雾或泼洒的方式接种于发酵床的垫料上，并与表层（0~15厘米）垫料充分混合，以达到促进粪便快速降解的目的。

腐熟堆肥原料的采集：就近找一堆肥厂或自己堆制，堆肥所用原料为畜禽粪便，经7天以上高温期、35天以上腐熟期，将充分腐熟的堆肥晒干，敲碎，备用。

微生物培养：将采集的腐熟堆肥放入塑料、木制或陶瓷等材质防漏的容器中，按原料的重量加入新鲜碳源（15%）与其他营养物质（0.05%~1.00%），再按1∶10的比例加入水，搅拌混合，在室温下培养5~10天，培养过程中，每天用木棒搅拌3次以上，以补充氧气。培养结束后，用干净的纱布进行过滤，用过滤液作为接种剂。

接种：用喷雾器或水壶将接种剂均匀地喷洒于发酵床的垫料表面，接种量为0.5~1.0千克/米²，然后用铁耙或木耙将0~15厘米的垫料混匀，以后每隔20天接种1次，如果发现猪舍中有异味或发现降解效果下降或在防疫用药后，均要增加接种次数与接种量。

2. 购买商品菌种

根据发酵床养猪技术的一般原理和土著微生物活性与地方区域相关的特点，对不适宜、不愿意自行采集制作土著微生物的养殖场户，应选择正规单位生产的菌种。选购商品菌种时应注意以下 4 点。

（1）看菌种的使用效果。养殖户在选择商品菌种时，要多方了解，实地察看，选择在当地有试点、效果好、信誉好的单位提供的菌种。

（2）选择正规单位生产的菌种。应选择经过工商注册的正规单位生产的菌种。生产单位要有菌种生产许可证、产品批准文号及产品质量标准。一般正规单位提供的菌种，质量稳定、功能强、发酵速度快、性价比高。

（3）发酵菌种色味应纯正。商品菌种是经过一定程度纯化处理的多种微生物的复合体，颜色应纯正，没有异味。

（4）产品包装要规范。商品菌种应有使用说明书和相应的技术操作手册，包装规范，有单位名称、地址和联系电话。

（二）垫料选择

垫料的功能：一是吸附生猪排泄的粪便和尿液，垫料是由木屑、稻壳、秸秆等组成的有机物料，有较大的表面积和孔隙度，具有很强的吸附能力；二是为粪便和尿液的生物分解转化提供介质与部分养分，垫料和生猪粪便中大量的土著微生物，在有氧条件下可以使粪便和尿液快速分解或转化，人工接种的有益微生物可以加速这一过程。

微生物生长繁殖受多种因素的影响，如碳氮比、pH 值、温度、湿度等。就猪粪尿而言，氮含量较高，碳氮比一般为（15～20）：1，而正常微生物生长最佳碳氮比为 30：1。发酵床的温度主要受发酵速度的控制，而湿度除受排泄物本身含水量影响外，还要受到养殖过程的水供应及气候条件的影响。因此，微生物的生长繁殖速度，取决于多种因素。

垫料的选择应该以垫料功能为指导，结合猪粪尿的养分特点，尽可能选择那些透气性好、吸附能力强、结构稳定，具有一定保水性和部分碳源供应功能的有机材料作为原料，如木屑、秸秆段（粉）、稻壳、花生壳和草炭等。为了确保粪尿能及时分解，常选择其他一些原料作为辅助原料。

1. 原料的基本类型

垫料原料按照不同分类方式可以分成不同的类型，如按照使用量划分，垫料可以划分为主料和辅料。

（1）主料。这类原料通常占到物料比例的80%以上，由一种或几种原料构成。常用的主料有木屑、稻壳、秸秆粉、蘑菇渣、花生壳等。

（2）辅料。主要是用来调节物料含水量、碳氮比、碳磷比、pH值、通透性的一些原料，由一种或几种原料组成，通常不会超过总物料量的20%。常用的辅料有腐熟猪粪、麦麸、米糠、饼粕、生石灰、过磷酸钙、磷矿粉、红糖或糖蜜等。

2. 原料选择的基本原则

垫料制作应该根据当地的资源状况来确定主料，然后根据主料的性质选取辅料。无论何种原料，其选用的原则：①原料来源广泛、供应稳定；②主料必须为高碳原料，且稳定，即不易被微生物降解；③主料含水量不宜过高，应便于储存；④不得选用已经霉变的原料；⑤成本或价格低廉。

3. 垫料配比

在实际生产中，常用的垫料原料组合是"锯末+稻壳""锯末+玉米秸秆""锯末+花生壳""锯末+麦秸"等，其中，主料主要包括碳氮比极高的木本植物碎片、木屑、锯末、树叶，以及禾本科植物秸秆等。

（三）垫料制作

垫料制作的主要步骤：原料破碎或粉碎、原料配伍混合、调节含水量与物料混合、高温消毒与稳定化处理、晾晒风干、包装储藏。

1. 原料破碎或粉碎

破碎可以粗一些，粒径控制在5~50毫米。值得注意的是，对于树枝等木质性材料，除了破碎，还应增加一道粉碎工序，以免粒径过粗对猪产生机械划伤。

2. 原料配伍混合

一般来说，发酵床垫料以采用多种材料的复合垫料为佳，因为复合垫料比单一的垫料具有更全面的营养成分和更强的酸碱缓冲能力。原料的复合配伍应充分考虑碳氮比、碳磷比、pH值及缓冲能力。复配后混合物料的碳氮比控制在（30~70）∶1，碳磷比控制在（75~150）∶1，pH值在5.5~9.0。破碎或粉碎的物料按照上述配伍原则计算好各种物料的重量，按比例掺混在一起。

3. 调节含水量与物料混合

按最终物料含水量45%~55%的要求，在将掺混好的原料上喷洒水，可以用洁净的天然水体如河道、水塘中的水，但应确定水未遭病原菌或化工污染。边洒水边用人工或搅拌机搅拌均匀。

4. 高温消毒与稳定化处理

由于垫料来源广泛，物理性状差异性很大，不同垫料制作工艺也存在差异。主要包括简单高温消毒法和堆积腐熟法两种。

（1）简单高温消毒法。对于一些易降解成分较少、性质比较稳定的原料如木屑、稻壳、花生壳等，每吨物料添加尿素12千克、过磷酸钙5~10千克，调节含水量至40%~45%，进行堆制，利用堆制过程中自然产生的高温杀死病原微生物，一般55℃高温维持3~4天即可，中途翻堆1次。消毒后的材料可以直接投入发酵槽中使用，也可以风干储存备用。此消毒法也可以在发酵床中完成，但必须在猪进栏前10~15天投料，以确保生猪入栏时物料温度已经下降，不会对猪的生长产生不利影响。

（2）堆积腐熟法。对于秸秆、蘑菇渣等易降解成分较高、稳定性较差的原料，则需要进行高温好氧堆积和二次堆积后熟处理，待物料性质基本稳定后，才能使用。高温好氧堆积 55℃ 需维持 3~4 天，堆积时间 7~10 天。二次堆积时间控制在 30 天左右，中途翻堆 1 次。

5. 晾晒风干

经过 10 天左右的高温堆制，物料性状得到初步稳定，病原菌和虫卵被灭活，可以拆堆晾晒风干。若直接填入发酵床，含水量控制在 35% ~ 40%。若需储藏，则应晾晒至含水量在 20% 以下。

6. 包装储藏

为方便运输和使用，风干备用的物料最好用废旧的化纤袋进行包装储存，不要选用潮湿、肮脏、有霉变的包装袋包装。在以后使用过程中，如发现霉变，则应废弃不用。同时，储藏时间不宜超过 3 个月。

（四）垫料质量

通过高温堆制的垫料是否符合发酵床养殖的要求，通常可以通过以下定量和定性的标准来判断。

1. 定量标准

一是碳氮比为 40%~60%。二是粪大肠埃希菌数在 100 个/克以下。三是蛔虫卵死亡率在 98% 以上。四是 pH 值为 7.5 左右。五是物料粒径为 5~50 毫米。

2. 定性标准

一是物料结构松散，手握物料松开后不粘手。二是垫料材料无恶臭或其他异味。

由于发酵床填有大量经过发酵处理的有机垫料，有机垫料中含有大量的且生物活性较高的微生物，在发酵床养殖过程中，通常还人为接种生物菌剂以增加对粪便和尿液有转化能力的有益微生物数量。因此，猪排出的粪便和尿液中的有机成分，在发酵床中微生物的作用下，可以很快分解成为水、二氧化碳等简单物质，具有恶臭的氨气、硫化氢等也转变成无臭的硝酸盐、硫酸盐等，达到了猪粪、尿等排泄物在养殖圈舍内原位降解的目的，减少了养殖过程中生猪排泄物的向外排放，而生猪在发酵床上的活动对这一过程起到了加速作用。

【典型案例】

案例 1

广西壮族自治区都安县东庙乡安宁村。该案例养殖场（户）采用"微生物+发酵垫料"模式，牛棚屋顶采用隔气隔热材料，中间间隔布置透光板，沿四周砖砌发酵床，高出地面 60 厘米左右，防止雨水渗入，严格实施雨污分离。同时，使用发酵垫料场床一体化养殖肉牛，垫料因地制宜选择谷壳、木糠、锯末等廉价材料。首先在发酵床底部铺设一层谷壳或秸秆保障透气，再铺一层木屑增加吸水性，每层控制在 10～20 厘米。将锯末、谷壳物料均匀铺设，并控制含水量。当垫料下沉 5～10 厘米时，应及时补充新的垫料。使用一个周期后，根据氮、磷、钾养分富集状况和发酵垫料腐熟情况，更换新的垫料，更换下来的垫料直接作为农家肥还田使用或者生产有机肥，采用发酵垫料养殖模式，场内无排污口，无臭气产生，能够满足环保要求。

案例 2

江苏省南京市高淳区。高淳区采用散养家禽围栏垫料圈养模式，以实现畜禽养殖污染治理。全区用于该模式建设的圈舍围栏长 31 420 米、高度 1.5 米，底座采用砖混结构，高出地面 20～30

厘米；在围栏中均匀铺设预发酵的秸秆、稻壳等，散养蛋鸡圈养在围栏中，每天产生的粪便和垫料混合，经中低温发酵后无臭气产生，农户根据垫料层表面鸡粪积累情况，及时增加新鲜垫料，3~6个月自行更换新的垫料1次，清理出的鸡粪便和垫料由村保洁员上门袋装收集，并就近运送到指定的畜禽粪污处理中心，进行简易堆肥发酵，实现无害化处理肥料化利用。发酵垫料养殖模式，按照1米³发酵垫料配套100只蛋鸡进行设计，粪污中低温发酵和收集后高温堆肥发酵腐熟，作为农家肥使用或作为商品有机肥的生产原料。发酵垫料养殖模式应按照先进先出的原则，将处理好的粪肥根据种植要求进行菜地、果树还田利用（秋施或冬施），可减施化肥5%~10%。

资料来源：全国畜牧兽医信息网

第五节　畜禽粪便基质化栽培技术

一、基质化栽培技术的概念

基质化栽培技术是以畜禽粪便为原料，辅以菌渣及农作物秸秆，进行堆肥发酵，生产用于菌菇种植的基质、果蔬栽培基质、水稻育秧基质，具有较好经济效益。

二、基质化栽培的关键技术

主要是畜禽粪便和粉碎秸秆按一定比例混拌后，经过10余天高温发酵，15天左右二次发酵，通常保持碳氮比为（20~35）:1，含水量控制在60%左右，经过多次发酵转化为腐熟栽培基质。若作为水稻或者蔬菜育苗基质，腐熟粪便堆肥与营养土、壮苗剂按一定比例混拌均匀即可；如果作为食用菌栽培基质，需要进一步经过巴氏灭菌、降温、接种培养后，按照《食用菌栽培基质质量安全要求》（NY/T 1935—2010）进行包装备用。使用时适宜温度为 25～28℃，其间需要注意通风换气、控制温度和水分，促进菌丝生长，可以在温室大棚中进行培养生产食用菌。

【典型案例】

案例 1

浙江省金华市金东区。该案例中养猪场采用原生态、低成本粪污处理模式，以盆景艺术展示园、果蔬产业园为依托，发展苗木基质栽培技术，促进当地苗木产业发展，带头塑造农旅党建品牌示范村。养猪场占地 5 亩，猪舍面积 900 米²，存栏 265 头，年出栏 450 头，年产生粪污约 360 吨。采用干粪形式，猪舍粪便在专用的封闭式集粪棚经过堆肥发酵后形成初级有机肥用于制作苗木栽培基质，养分损失小，肥料价值高；猪尿、冲栏水及少量污水进入沼气池经厌氧发酵，形成的沼液用于灌溉，沼气用于场区生活。

案例 2

湖南省冷水江市中连乡。该案例主要将养殖场粪污生物处理后用于制作蔬菜大棚栽培基质，拥有蔬菜种植基地 200 余亩，配套蔬菜大棚 82 个；场内实现雨污分离，建有干粪棚、沼气池、沉淀池等设施；养殖场产生的粪污干湿分离集中收集，固体粪污进行堆沤发酵，加工成大棚蔬菜种植基质，用于高营养价值蔬菜种植。养殖粪水经厌氧发酵，产生的沼气用于日常生活，沼渣用于生产专用有机肥，沼液进入沼液净化处理设施进一步处理，处理后的沼液由水肥输送管道运送至蔬菜基地。

资料来源：全国畜牧兽医信息网

第三章　农作物秸秆资源化利用技术

第一节　秸秆肥料化利用技术

秸秆肥料化利用技术，包括秸秆覆盖还田、秸秆翻埋还田、秸秆腐熟还田、堆沤发酵还田、沼渣和沼液还田、过腹还田等秸秆还田技术以及秸秆生物反应堆技术、秸秆工厂化堆肥技术。

一、秸秆还田技术

（一）秸秆覆盖还田

秸秆覆盖还田按秸秆形式分为碎秸秆覆盖还田和根茬覆盖还田两种。

1. 碎秸秆覆盖还田技术要点

（1）合理确定割茬高度。从免耕播种角度考虑，只要免耕播种机能够顺利通过，对割茬高度没有特殊要求。但是冬春季节风大、秸秆容易被吹走的地方，可以考虑适当留高茬，以挡住秸秆，使其不被风吹走。

（2）注重秸秆粉碎质量。要正确选择拖拉机或联合收割机的前进速度，使玉米秸秆粉碎长度控制在 10 厘米左右，小麦或水稻秸秆粉碎长度 5 厘米左右，长度合格的碎秸秆达到 90% 以上。播种时过长的秸秆容易堵塞播种机以及架空种子，使种子不能接触土壤而影响出苗。若发现漏切或长秸秆过多，秸秆还田机应进行二次作业，确保还田质量。

（3）秸秆铺撒均匀。不能有的地方秸秆成堆、成条，有的地方又没有秸秆，起不到覆盖作用。多数秸秆还田机或联合收割机安装的切碎器都能均匀地抛撒秸秆。如果发现成堆或成条的秸秆，可以人工撒开，必要时用圆盘耙作业使秸秆分布均匀。

（4）保证免耕播种质量。应根据秸秆覆盖状况，选择秸秆覆盖防堵性能适宜的少免耕播种机。如果秸秆覆盖量大，可选用驱动防堵型少免耕播种机。

2. 根茬覆盖还田技术要点

（1）合理确定根茬高度。根茬高度不仅关乎还田秸秆的数量，而且影响覆盖效果，即保水保土、保护环境的效果。根茬太低还田秸秆量不够，覆盖效果差；根茬太高又可能影响播种质量并导致用于其他方面（如饲料、燃料）秸秆的不足。据报道，小麦 20～30 厘米、玉米 30～40 厘米高的根茬覆盖比较合适，能够防止大部分水土流失。

（2）保证免耕播种质量。在仅有小麦（莜麦、大豆）根茬覆盖的情况下，少免耕播种质量相对容易保证。玉米根茬坚硬粗大，容易造成开沟器堵塞或拖堆。在这种情况下，可采用对行作业方式，错开玉米根茬，或者采用动力切茬型免耕播种机进行作业。

3. 秸秆覆盖还田注意事项

（1）注意防火。在作物收获后到完成播种前的长时间里，地面都有秸秆覆盖。有时秸秆可能相当干燥，很容易引起火灾，所以防火十分重要。禁止人们在田间用火、乱丢烟头，特别防范小孩在田间玩火。

（2）注意人身安全。秸秆还田机上装有多组转速很高（每分钟 1 000 转以上）的刀片或锤片以切碎秸秆，如果刀片松动或者破碎甩出来，安全防护罩又不完整，就可能危及人身安全。因此，操作者必须有合法的拖拉机驾驶资格，要认真阅读产品说明书，掌握秸秆还田机操作规程、使用特点后方可操作。

作业前：要对地面及作物情况进行调查，平整地头的垄沟（避免万向节损坏），清除田间大石块（损坏刀片及伤人）；要检查秸秆还田机技术状态，刀片固定是否牢固，防护罩是否完整，可将动力与机具挂接、接合动力输出轴，慢速转动1~2分钟，检查刀片是否松动，是否有异常响声，与罩壳是否有剐蹭。调整秸秆还田机，保持机器左右水平和前后水平。

作业中：起步前，将秸秆还田机提升到一定的高度，一般15~20厘米，由慢到快转动。注意机组四周是否有人，确认无人后，发出起步信号。挂上工作挡，缓缓松开离合器，操纵拖拉机或小麦联合收割机调节手柄，使还田机在前进中逐步降到所要求的留茬高度，然后踩加速踏板，开始正常作业。及时清理缠草。清除缠草或排除故障必须停机进行，严禁拆除传动带防护罩。作业中有异常响声时，应停车检查，排除故障后方可继续作业，严禁在机具运转情况下检查机具。作业时严禁机器带负荷转弯或倒退，严禁人员靠近或跟随机器，以免抛出的杂物伤人。转移地块时，必须停止刀轴旋转。

作业后：及时清除刀片护罩内壁和侧板内壁上的泥土层，以防加大负荷和加剧刀片磨损。刀片磨损至必须更换时，要注意保持刀轴的平衡。个别更换时要尽量对称更换，大量更换时要将刀片按重量分级，同一重量的刀片方可装在同一根轴上，保持机具动平衡。

（3）注意协调秸秆还田与他用的关系。秸秆还田和离田并不对立。如果秸秆离田确有其他重要用途，可在田间保留适宜高度的根茬覆盖。

（二）秸秆翻埋还田

秸秆翻埋还田按秸秆形式可分为碎秸秆翻埋还田、整秸秆翻埋还田和根茬翻埋还田3种。

1. 碎秸秆翻埋还田技术要点

秸秆粉碎可以利用秸秆粉碎机或者安装有秸秆粉碎装置的联合收获机完成。不管采用哪种方式粉碎，都要保证秸秆粉碎质量，而且抛撒均匀。

（1）还田时间选择。在不影响粮食产量的情况下及时收获，趁作物秸秆青绿时及早还田，耕翻入土。此时作物秸秆中水分、糖分高，易于粉碎和腐解，迅速变为有机质肥料。若秸秆干枯时才还田，粉碎效果差，腐殖分解慢；秸秆在腐烂过程中与农作物争抢水分，不利于作物生长。

（2）割茬高度确定。秸秆还田机的留茬高度靠调整刀片（锤片）与地面的间隙来实现，留茬太高影响翻埋效果，留茬太低容易损毁刀片，一般保留5~10厘米。小麦联合收割机的割茬高度通过调整收割台高度来控制，割茬高度影响收割速度，有的机手为了进度快把麦茬留得很高，这是不符合要求的。留茬高度既要考虑收割速度，也要考虑翻埋质量，一般以10~20厘米为宜。

（3）注重秸秆粉碎质量。机手要正确选择拖拉机或联合收割机的前进速度，使玉米秸秆粉碎长度在10厘米左右，小麦或水稻秸秆粉碎长度在5厘米左右，长度合格的碎秸秆达到90%。若发现漏切或长秸秆过多，应进行二次秸秆粉碎作业，确保还田质量。

（4）秸秆铺撒均匀。不能有的地方秸秆成堆、成条，有的地方又没有秸秆。如果发现秸秆成堆或成条，应进行人工分撒，必要时还需要用圆盘耙作业把秸秆耙匀，以保证翻埋质量。

（5）保证翻埋质量。犁耕深度应在 22 厘米以上，耕深不够将造成秸秆覆盖不严，还要通过翻、压、盖来消除因秸秆形成的土壤"棚架"，以免影响播种质量。土壤翻耕后需要经过整地，使地表平整、土壤细碎，必要时还需进行镇压，以达到播种要求。整地多用旋耕机、圆盘耙、镇压器等进行，深度一般为 10 厘米左右，过深时土壤中的秸秆翻出较多，过浅时达不到平整和碎土的效果。

（6）保证混埋质量。旋耕机混埋的作业深度应为 15～20 厘米，通过切、混、埋把秸秆进一步切碎并与土壤充分混合，埋入土中。旋耕一遍效果达不到要求、地表还有较多秸秆时，应进行二次旋耕。旋耕后一般可以直接播种，不需要再进行整地作业。

2. 整秸秆翻埋还田技术要点

（1）秸秆要顺垄铺放整齐。为了保证翻埋质量，玉米秸秆长度方向必须与犁耕方向一致，铺放均匀。

（2）提高翻埋质量。犁耕深度要在 30 厘米以上，通过翻、压、盖把秸秆盖严盖实，消除因秸秆形成的土壤"棚架"。耕作太浅时，作物秸秆覆盖不严，影响播种质量。

（3）保证整地质量。土壤深耕后需要经过整地才能达到播种要求。整地多用旋耕机、圆盘耙、镇压器等进行，其深度一般为 10～12 厘米，过深时土壤中的秸秆被翻出得较多，过浅时达不到平整和碎土的效果。为避免土壤中秸秆"棚架"，一般应采用"V"形镇压器等进行专门的镇压作业。

3. 根茬翻埋还田技术要点

（1）合理确定根茬高度。根茬还田往往用在需要秸秆作为饲料、燃料或原料的地区，在这些地区，秸秆还田与其他用途经常出现矛盾，应协调好秸秆还田与其他用途的关系。饲料、燃料或原料是需要的，而且有直接经济效益。但是，应该认识到秸秆还田并不是可有可无，而是必要的，农业要持续发展，必须有一定数量的秸秆还田来补充土壤有机质。根茬还田并不是一种理想的做法，而是一种协调的结果。有的地区，在进行秸秆作"三料"、根茬还田时，把根茬留得很低，甚至紧贴地表收割，结果根本起不到还田的作用。把一部分秸秆还田，从短期看少了些用料，但从长远看，土地肥沃了、生态环境好了，产量更高，秸秆更多，用料才能够充裕。从还田的需要出发，一般小麦秸秆留茬不得低于 20 厘米，玉米秸秆留茬不得低于 30 厘米。秸秆还田机和联合收割机控制根茬高度的方法与碎秸秆翻埋还田相同。

（2）保证翻埋质量。犁耕深度要在 22 厘米以上，通过翻、压、盖把秸秆盖严盖实，消除因秸秆形成的土壤"棚架"。土壤翻耕后需要整地使地表平整、土壤细碎，必要时还需进行镇压，以达到播种要求。整地多用旋耕机、圆盘耙、镇压器等进行，其深度一般为 10 厘米左右。

（3）保证混埋质量。旋耕机混埋的作业深度应在 15 厘米以上，通过切、混、翻转把秸秆与土壤充分混合，埋入土中。玉米根茬比较坚硬，有些地方要先用缺口圆盘耙耙 1 遍再进行旋耕，效果较好。旋耕后可以直接播种，一般不需要再整地。

4. 秸秆翻埋还田技术注意事项

（1）注意人身安全。秸秆还田机上有多组转速很高（每分钟 1 000 转以上）的刀片或锤片，如果刀片或锤片松动或者破碎甩出来，安全防护罩又不完整，就可能危及人身安全。因此，操作者必须有合法的拖拉机驾驶资格，要认真阅读产品说明书，了解秸秆还田机操作规程、使用特点、注意事项后方可操作。

作业前：要对地面及作物情况进行调查，平整地头的垄沟（避免万向节损坏），清除田间大石块（损坏刀片及伤人）；要检查秸秆还田机技术状态，刀片固定是否牢固，防护罩是否完整，可将动力设备与机具挂接、接合动力输出轴，慢速转动 1~2 分钟，检查刀片是否松动，是否有异常响声，与罩壳是否有刮蹭；调整秸秆还田机，保持机器左右水平和前后水平。

作业中：起步前，将秸秆还田机提升到一定的高度，一般 15~20 厘米，由慢到快转动。注意机组四周是否有人，确认无人后，发出起步信号，挂上工作挡，缓缓松开离合器，操纵拖拉机或联合收割机调节手柄，使机器在前进中逐步降到所要求的留茬高度，然后踩加速踏板，开始正常作业。及时清理缠草，清除缠草或排除故障必须停机进行。作业中有异常响声时，应停车检查，排除故障后方可继续作业。严禁在机具运转情况下检查机具。作业时严禁机器带负荷转弯或倒退，严禁人员靠近或跟随机器，以免抛出的杂物伤人。转移地块时，必须停止刀轴旋转。

作业后：及时清除刀片护罩内壁和侧板内壁上的泥土层，以防增大负荷和加剧刀片磨损。刀片磨损至必须更换时，要注意保持刀轴的平衡。个别更换时要尽量对称更换，大量更换时要将刀片按重量分级，同一重量的刀片方可装在同一根轴上，保持机具动平衡。

（2）注意秸秆还田是否多施氮肥的问题。秸秆腐解过程中要消耗氮素，然而腐解后又会释放氮素。因此，如土壤比较肥沃或已经施用氮素化肥，可不必再增施氮肥。但如果土壤比较贫瘠，开始实施秸秆还田的头 1~2 年，增施适量氮肥，对加快秸秆腐解、缓解秸秆与后茬作物争肥的矛盾还是比较有效的。

（3）旋耕混埋作业应提早进行。用旋耕混埋还田作业需要在播种前 1 周进行，使土壤有回实的时间，提高播种质量。水田区的稻秆或麦秆要用水泡田，将秸秆和土壤泡软，再进行混埋。

（三）秸秆腐熟还田

秸秆腐熟还田技术是指在秸秆中加入动物粪尿、微生物菌剂、化学调理剂等物质后，经人工堆积发酵成有机肥料的一种还田技术，具有改良土壤、培肥地力、保护环境等良好作用，是利用废弃农作物秸秆的有效模式。

该利用模式适用于降水量较丰富、积温较高的地区，种植制度为早稻—晚稻、小麦—水稻、油菜—水稻的农作地区。具体操作方法：在油菜收割后，将秸秆均匀地铺在田里，然后把秸秆腐熟剂均匀地撒在秸秆表面，腐熟剂按说明书推荐量使用。每亩再加尿素 20.0 千克，灌水，浸泡 4~5 天，然后深翻耕，即可移栽水稻秧苗。该利用模式的优点是可增加土壤有益微生物的种群数量和秸秆腐解需要的各种酶类，缩短秸秆腐熟时间；还能增加土壤养分，改良土壤结构，提高化肥利用率。缺点是不适用于缺水的山垄田和旱地。

（四）堆沤发酵还田

堆沤发酵还田是将农作物秸秆制成堆肥、沤肥等，经发酵后施入土壤。其技术要点：在农作物成熟收获后，随清地将农作物秸秆就近运到田地边或废弃地；堆制场地四周起土 40 厘米以上，堆底压平、拍实，防止跑水；每 100 千克秸秆加入尿素 2.0 千克、生物菌剂 0.8 千克，或加入 50 千克的人畜粪尿；将秸秆按同方向堆砌，一般宽 1.5~2.0 米，高 1.0~1.2 米，长度不限；堆积 50 厘米时浇足水，使秸秆含水量达到 65%~68%，料面撒适量尿素和生物菌剂，再堆砌秸秆 50 厘米，按同样方法撒尿素和生物菌剂，一般以堆 3~4 层为宜，最后用黄泥封严；经高温堆沤发酵，可使秸秆腐熟时间提早 18~20 天。经堆沤后再均匀地施入农田。

该利用模式的优点是将秸秆与人畜粪尿等有机物质通过堆沤腐熟，不仅产生大量腐殖质，而且产生多种可以供农作物吸收利用的营养物质，如有效态氮、磷、钾等，可生产高品质的商品有机肥；同时，高温堆沤发酵能杀死大部分秸秆本身带有的病菌，有效防止植物病害的蔓延。缺点是操作过程相对烦琐，人工投入较多。

(五) 沼渣和沼液还田

农作物秸秆以及人畜粪尿在厌氧条件下发酵产生的以甲烷为主要成分的可燃气体就是沼气，发酵后的沼渣和沼液称为沼肥。沼肥是在密闭的发酵池内发酵沤制的，水溶性大，养分损失少，虫卵病菌少，具有营养元素齐全、肥效高、品质优等特点，可以作为一种廉价、优质的高效肥料使用，是无公害农业生产的理想用肥。

沼肥除了含有丰富的氮、磷、钾等元素外，还含有对农作物生长起重要作用的硼、铜、铁、锰、钙、锌等中微量元素，以及大量的有机质、多种氨基酸和维生素等，而且重金属含量低。施用沼肥，不仅能显著地改良土壤，确保农作物生长所需的良好微生态环境，还有利于增强农作物的抗冻、抗旱能力，减少病虫害。

1. 沼渣施肥

沼渣作为有机肥料用于果树，不仅使产果率增加，果型美观，商品价值提高，还可以减轻果树病虫害，降低成本，经济效益显著。完全用沼渣种出的果树，结出的是无公害绿色水果。在冬季将沼渣与秸秆、麸饼、土混合堆沤腐熟后，分层埋入树冠滴水线施肥沟内。长势差的重施，长势好的轻施；衰老的树重施，幼壮的树轻施；坐果多的重施，坐果少的轻施。推荐用量：幼树每株 4~8 千克；挂果树每株 50 千克左右。

沼渣用于种蔬菜，可提高蔬菜的抗病虫害能力，减少农药和化肥的投资，提高蔬菜品质，避免污染，是发展无公害蔬菜的一条有效途径。用作基肥时，视蔬菜品种不同，每亩用 1 500~

3 000千克，在翻耕时撒入，也可在移栽前采用条施或穴施；作追肥时，每亩用1 500~3 000千克，施肥时先在作物旁边开沟或挖穴，施肥后立即复土。

2. 沼液施肥

沼液是一种具溶肥性质的液体，不仅含有较丰富的可溶性无机盐类，还含有多种沼气发酵的生化产物，具有易被作物吸收及营养丰富等特点。使用沼液喷洒植株，可起到杀虫、抑菌的作用，减少农药使用量，降低农药残留。

在果园施用沼液时，一定要用清水稀释2~3倍后使用，以防浓度过高而烧伤根系。幼树施肥，可在生长期（3—8月）施用。方法：在树冠滴水线挖浅沟浇施，每株5千克，取出沼液稀释后浇施或浇施沼液后再用适量清水稀释，以免烧伤根系。每隔15天或30天浇施1次肥。

沼液用作蔬菜追肥，在蔬菜生长期间可随时淋施或叶面喷施。淋施每亩1 500~3 000千克，施肥宜在清晨或傍晚进行，阳光强烈和盛夏中午不宜施肥，以免肥分散失和灼伤蔬菜叶面及根系。叶面追肥喷施时，沼液宜先澄清过滤，用量以喷至叶面布满细微雾点而不流淌为宜。要注意炎夏中午不宜喷施，雨天不宜喷施。

（六）过腹还田

过腹还田是指秸秆被用来饲喂牛、猪、羊等牲畜，经消化吸收变成粪、尿，以粪尿形式施入土壤还田。但是，这些生粪不能直接用作肥料，必须经过微生物分解，也就是腐熟处理。常用的腐熟方法是高温堆肥：将粪便取出，集中堆积在平坦的场地上。堆起的高度一般以1.5~2.0米为好。在堆放过程中不要踩实，应有足够的通气空间，有利于微生物活动。堆好后，通常2~3个月肥料就腐熟好了。如果不急于使用，最好将肥料再翻打

1次，使其内外腐熟一致。如有条件，可用塑料布将腐熟的肥料盖起来，以防雨水的渗入而影响肥料的质量。腐熟后的粪便会和以前有明显的差别，从颜色上看，腐熟的粪便要比生粪颜色更深；从气味上看，没有了圈肥难闻的臭味，因此不招苍蝇；从性状上看，生粪比较粗糙，而腐熟好的看上去更加松软，呈粉末状。粪便经过高温沤制，变成了养分均衡的有机肥。但有机肥养分含量低，肥效长，通常是作为底肥施用，有改良土壤性质的作用。

二、秸秆生物反应堆技术

秸秆生物反应堆技术是以秸秆为资源，在专用微生物菌种的作用下，将秸秆定向转化成植物生长所需的二氧化碳、热量、抗病微生物、有机和无机养料等，使农产品高产、优质的现代农业生物工程创新技术。特点：以秸秆替代大部分化肥，植物疫苗替代大部分农药，资源丰富，生产成本低，易操作，投入产出比大，环保效益显著。秸秆生物反应堆有内置式、外置式、内外结合式3种方式。在生产实践中多采用内置式，有条件的最好采用内外结合式。

（一）内置式秸秆生物反应堆

内置式秸秆反应堆具有显著的二氧化碳效应、地温效应、有机改良土壤效应和生防效应，适用作物品种广泛，具有投资小、增产作用大等优点，深受用户的欢迎。按其所处的位置，可分为种植行下内置式秸秆生物反应堆和行间内置式秸秆生物反应堆两种。

1. 种植行下内置式秸秆生物反应堆

定植前在小行（种植行）下开沟，沟宽与小行相等，一般60~80厘米，沟深20厘米，沟长与小行长相等，起土分放两边，接着填加秸秆，铺匀踏实，厚度 30 厘米，沟两头露出 10 厘米秸秆茬，以便进氧气。填完秸秆后，按每沟所需菌种量将菌种均匀地撒在秸秆上，用铁锨拍振 1 遍后，把起土回填于秸秆上，然后灌沟浇水湿透秸秆，2~3 天后，找平起垄，秸秆上土层厚度保持在 20 厘米左右，然后定植。盖膜后，按 20 厘米×20 厘米大小用 14 号钢筋打孔，孔深以穿透秸秆层为准。内置式秸秆生物反应堆每亩菌种用量 8~10 千克。秸秆用量根据种植作物品种确定，有限生长品种为 3 000~4 000 千克/亩，无限生长品种为 4 000~6 000 千克/亩。此种形式适合于多种蔬菜和大田作物的种植。

2. 行间内置式秸秆生物反应堆

一般小行高起垄（20 厘米以上），定植，等秸秆收获后在大行内起土 15 厘米左右，铺放秸秆厚度 30 厘米，踏实找平，按每行用量撒接一层处理好的菌种，用铁锨拍振 1 遍，回填起土，覆土厚 5~10 厘米，浇大水湿透秸秆，2~3 天后盖地膜打孔。打孔要求：在大行两边靠近作物处，每隔 20 厘米，用 14 号钢筋打 1 个孔，孔深以穿透秸秆层为准。菌种和秸秆用量同种植行下内置式秸秆生物反应堆。行间内置式秸秆生物反应堆只浇第一次水，以后浇水在小行间按常规进行。管理人员走在大行间，也会踩压出二氧化碳，抬脚就能回进氧气，有利于反应堆效能的发挥。种植黄瓜、番茄、茄子、辣椒、西葫芦、豆角、芸豆、烟草、茶叶等作物可以选择此种方式。也可以把它作为种植行下内置式秸秆生物反应堆的一种补充措施。

（二）外置式秸秆生物反应堆

外置式秸秆生物反应堆即地上反应堆，由地上秸秆生物反应堆、地下储气池和气体交换部分组成。春、夏、秋三季可建在大棚外，冬季可建在大棚内。

1. 反应堆建造

棚外外置式秸秆生物反应堆的建造：离棚前沿 1.5 米处挖

1条东西长15~20米、宽1.0~1.5米、深0.6米的储气池，池的两头挖1条宽25厘米、深30厘米，直通向大棚两山墙内侧的回气道，末端再安装1个高1.5米、直径为1.1米的回气塑料管，储气池中间再挖1条垂直通向大棚内的长3.0米、宽0.8米、深0.7米的进气道，棚内终端可建1个下口径60厘米×60厘米、上口径45厘米×45厘米、高出地面30厘米的交换机底盘。整个基础用单砖、水泥砌垒。

棚内外置式秸秆生物反应堆建造与棚外的不同之处：在大棚内，离一侧山墙0.6米处挖1个储气池，该池无回气道，长度略短于山墙，宽度1.5米、深0.8米，两端各留1个25厘米×25厘米的回气孔，中间从底部挖1个50厘米×50厘米离储气池60厘米的通气道，建1个高出地面25厘米、上口径为45厘米×45厘米的交换机底盘，基础用单砖水泥垒砌，交换机上安装二氧化碳微孔输气带。

2. 放杆拉铁丝

在储气池上沿每隔1米横摆1根水泥杆或木棍，储气池上口每隔20厘米纵向拉1道铁丝，并固定在水泥杆上，以便摆放秸秆。

3. 拌菌种

反应堆基础建完后，接着拌菌种。每次菌种用量3千克，中间料可用麦麸25千克、粉碎的玉米芯150千克、水230千克，三者充分拌匀，摊放于大棚内，厚度15厘米，上面盖帘遮阳，发酵3天即可使用。

4. 填料与接种

秸秆的填加与接种一般分3层。第一层厚度为40厘米，第二层厚度为50厘米，第三层厚度为50厘米。秸秆种类可选择玉米秸、麦秸、稻秸、谷糠、豆秸、杂草、树叶等。3层接种用量比值为 2∶1∶2，将菌种均匀撒接于秸秆上，接种完毕后，喷水淋湿，加水量以每千克加水 1.5 千克为宜。然后打孔，孔径 10 厘米，孔距 40 厘米，盖膜保湿，开机通氧抽气。

5. 交换机安装使用

要求交换机与底盘密封好，使外界空气不能从底盘处进入交换机内。反应堆加料接种后的当天进行开机供氧，第二天就有二氧化碳产生。每天上午 8 时开机，日落前关机。苗期 6 小时，开花期 8 小时，结果期 10 小时。

6. 外置式秸秆生物反应堆的管理

定期加水通孔，一般棚外反应堆每 10 天左右加 1 次水，棚内反应堆每 8 天左右加 1 次，每次水量以湿透秸秆为准，每次加水后要在反应堆顶部 30 厘米×30 厘米打孔，孔径为 3 厘米，以增加氧气，加速秸秆的氧化分解。当每次所加秸秆转化消耗 1/2 时，要及时填加秸秆和接种。

7. 浸出液和科学利用

秸秆转化的物质，浸出液中占 1/3 左右。它的利用可显著地促进作物的产量和品质。做法：在生长前、中、后期各灌根 1 次，用量每棵 300 毫升左右，剩余液体过滤后进行喷施，重点喷施叶背面和生长点，喷施时间为每天上午 9 时至下午 3 时。

（三）秸秆生物反应堆的标准化应用和管理

秸秆生物反应堆技术不是一项单纯的技术，而是把植物、微生物、人的行为活动紧密结合在一起，共同发挥正面效应的技术集合体。需要在标准化应用和管理中，实现各方面、各层面的科学结合，方可发挥奇效。

1. 施肥

3 年以上的棚区有机肥按常规使用量，化肥不作底肥，只作追肥，底肥严禁施用未充分腐熟或加工的鸡粪、猪粪和人粪尿。

底肥可用牛、马、羊、驴、兔等食草动物的粪便和各类饼肥,数量以常规用量为准,集中施在内置式反应堆的秸秆上。

2. 行距与密度

应用反应堆后,作物生长较常规枝叶茂盛,如大棚宽度为3.6米,普遍认为可采用4~5行制,大行0.9~1.0米,小行0.6~0.7米。株距可根据作物而定,暖冬时可适当稀植,冷冬时可适当密植,也可采用先密后稀的原则,灵活掌握。

3. 内置式秸秆生物反应堆第一水

内置式秸秆生物反应堆做好后浇第一水,是反应堆的启动水,水量要大,原则是使秸秆尽量吃足水。第一次浇水后4~5天,应将处理好的疫苗撒施到垄上,与土掺匀,打孔。

4. 内置式秸秆生物反应堆第二水

即定植缓苗水,浇水千万不能大,要浇小水。定植当天,每棵苗浇水300毫升,高温季节隔3天再浇1次;低温季节隔7天再浇1次;中温季节隔5天要再浇1次。定植后不要盖地膜,等10余天苗缓过来后再盖地膜,并及时打孔。

一般常规栽培浇3次水,用该项技术只浇1次水即可,切记浇水不能过多。在第一次浇水湿透秸秆的情况下,一般间隔70~90天再浇水。浇水后的3天,要将风口适当放大些,排出潮气。要及时打孔。冬季浇水的要点是"三看"(看天、天地、看苗情)和"五不能"(一不能早上浇,二不能晚上浇,三不能小水勤浇,四不能阴天浇,五不能降温期浇)。进入11月,一定要在上午9时30分以后、下午2时30分之前浇水。早春大拱棚作物,必须分段浇水,10~15米一段,否则会浇水过大,闷苗烂根。

5. 揭盖草帘

揭盖草帘是冬天管理的主要技术环节。对于冬暖大棚,揭盖草帘要依据光照和作物的生长特性。揭草帘主要强调一个"早"

字，以天明草帘揭开后，棚内温度下降不超过1℃为宜。揭得越晚产量损失越严重。盖草帘强调一个"巧"字，过早或过晚都对作物不利，主要依据棚内气温，每天下午当气温下降至18~20℃，就应该及时放帘覆盖。

三、秸秆工厂化堆肥技术

秸秆富含氮、磷、钾、钙、镁等营养元素和有机质等，是农业生产重要的有机肥源。秸秆肥料化生产是指控制一定的条件，通过一定的技术手段，在工厂中实现秸秆腐烂分解和稳定，最终将其转化为商品肥料的一种生产方式，其产品主要包括精制有机肥和有机无机复混肥两种。利用秸秆等农业有机原料进行肥料化生产的有机肥或有机无机复混肥在改良土壤性质、改善农产品品质和提高农产品产量方面具有重要意义和显著效果。

（一）生产工艺

秸秆工厂化堆肥生产工艺根据最终产品可分为秸秆精制有机肥生产工艺、秸秆有机无机复混肥生产工艺等。

1. 秸秆精制有机肥生产工艺

秸秆和畜禽粪便等混合而成的物料经过堆肥化处理可以形成秸秆精制有机肥，生产过程主要包括秸秆原料的收集和储运、原料粉碎混合、一次发酵、陈化（二次发酵）、粉碎和筛分包装。精制有机肥的生产方法主要有条垛式堆肥、槽式堆肥和反应器式堆肥等，它们各有优缺点，需要根据企业当地的具体情况加以选择，但它们的生产工艺流程大致相同。

2. 秸秆有机无机复混肥生产工艺

秸秆有机无机复混肥不是简单的有机肥和无机肥的混合产物，它比单一生产有机肥或无机肥要难，主要在于两者造粒不易或者是造粒产品不易达到国家标准《有机无机复混肥料》中的产品标准。有机肥本身性质是不易造粒的主要原因，按国家标准规定，有机肥在整个复混肥原料中的占比不小于30%，而随着有机肥占比的增加其成粒难度也会相应增大。

就现有工艺来说，秸秆有机无机复混肥的生产工艺包括两个阶段，一个是有机肥的生产阶段，另一个就是有机肥和无机肥的混合造粒阶段。

秸秆有机无机复混肥的生产阶段与秸秆精制有机肥的生产相同，秸秆等物料也需要通过高温快速堆肥处理而成为成品有机肥。

目前，成熟的造粒工艺主要包括以下4种。

（1）滚筒造粒。混合好的物料在滚筒中经黏结剂湿润后，随滚筒转动相互之间不断黏结成粒。黏结剂有水、尿素、腐植酸等种类，可依生产需要而定。该工艺的主要特点：有机肥不需前处理即可直接进行造粒；黏结剂的选择范围广，工艺通用性强；成粒率低，但外观好。

（2）挤压造粒。有机肥和无机肥按一定比例混合，经对辊造粒机或对齿造粒机等不同的造粒机进行挤压或碾压成粒。质地细腻且黏结性好的物料比较适合该工艺的要求，此外必要时还需调节含水量以利于成粒。该工艺的主要特点：物料一般需要前处理；无须烘干，减少了工序；产品含水量较高；颗粒均匀，但易溃散；生产时要求动力大、生产设备易磨损。

（3）圆盘造粒。干燥和粉碎后的有机肥配以适量无机肥送入圆盘，经增湿器喷雾增湿后在圆盘底部由圆盘和内壁相互摩擦产生的力而黏结成粒，最后再次干燥后筛分装袋。圆盘造粒工艺现已发展出连续型和间歇型两种方法。该工艺的主要特点：有机肥需先行进行干燥粉碎处理，工序烦琐；对有机肥的含量适应性强；颗粒可以自动分级但成粒率偏低，外观欠佳；生产能力适中。

（4）喷浆造粒。有机肥和无机肥按一定比例混合后投入造粒机内被扬起，然后喷以熔融尿素等料浆，在干燥和冷却的过程中逐步结晶达到相应的粒度。该工艺的主要特点：造粒需高温；成粒率高，返料少；生产能力强。

除此之外，一些如挤压抛圆造粒的新型造粒工艺也已应用。

（二）技术操作要点

1. 原料处理

秸秆一般不直接作为原料进行快速堆肥，而是首先进行秸秆粉碎处理。研究显示，秸秆粉碎到1厘米左右是最适合进行堆肥的。粉碎好的秸秆和畜禽粪便等其他物料进行混合，其主要目的是调节原料的碳氮比 [（25~30）∶1] 和含水量（60%左右），使之适合接种菌剂中的微生物迅速繁殖和发挥作用。据测算，一般猪粪和麦秸粉的调制比例在10∶3左右、牛粪和麦秸粉的调制比例在3∶2左右、酒糟与麦秸粉调制比例在2∶1左右（还需要调节含水量）是较为合适的，但在生产上对用料的配比需依物料实际情况再调整。

2. 发酵

采用快速堆肥化方式生产有机肥时，物料大致经历升温、高温和降温3个阶段。

（1）升温阶段。大致是混合物料开始堆垛到一次发酵中温度上升至45℃前的一段时间（2~3天），其间嗜温微生物（主要是细菌）占据主导地位并使易于分解的糖类和淀粉等物质迅速分解释放大量热而使堆温上升。为了快速提高堆体中的微生物数量，常需要在混合料中加入专门为堆肥生产而研制的菌剂。

（2）高温阶段。主要是堆体温度上升至45℃后至一次发酵结束的这段时间（1周左右），该阶段嗜热微生物（主要是真菌、放线菌）占据主导地位，其好氧呼吸作用使半纤维素和纤维素等物质被强烈地分解并释放大量的热。该阶段中要及时进行翻堆处理（4~5次），依"时到不等温，温到不等时"的原则（即隔天翻堆时即使温度未达到限制的65℃也要及时进行，或者只要温度达到65℃即使时间未达到隔天的时数也要进行翻堆），以调节堆体的通风量、温度50~65℃（最佳55℃），但是绝对不可让堆体的温度增高至70℃，因为此温度下大多数微生物的生理活性会受到抑制甚至微生物死亡。本阶段也是有效杀灭病原微生物和杂草种子的阶段，是整个堆肥生产过程中的关键，其成功与否直接决定产品的质量优劣。

3. 陈化

陈化过程（历时4~5周）主要是对一次发酵的物料进行进一步的稳定化，对应的是堆肥的降温阶段。堆体温度降低至50℃以下，嗜温微生物（主要是真菌）又开始占据主导地位并分解最难分解的木质素等物质。该阶段微生物活性不是很高，堆体发热量减少，需氧量下降，有机物趋于稳定。为了保持微生物生理活动所需的氧气，需要在堆体上插一些通气孔。

4. 粉碎与筛分

陈化后的物料经粉碎筛分后将合格与不合格的产品分离，前者包装出售，后者作为返料进入一次发酵阶段进行循环利用。

5. 造粒

根据生产中选择的造粒工艺，在造粒前要对有机肥进行一定的前处理，如工艺要求物料要细腻的需对其进行粉碎和筛分处理，工艺要求含水量低的需进行干燥处理等。

6. 烘干包装过程

经过造粒、整形、抛圆后的有机肥颗粒内含有一定的水分，颗粒强度低，不适合直接包装和储存，需要经过烘干、冷却除尘、筛分等生产工序后，方可进行称重包装，入库储存。

（三）注意事项

1. 原料预处理

秸秆纤维素、木质素含量高，一般不直接作为原料进行快速堆肥，应先进行切短或粉碎处理。

2. 温度

秸秆腐熟堆沤微生物活动需要的适宜温度为 40~65℃。保持堆肥温度 55~65℃ 1 周左右，可促使高温性微生物强烈分解有机物；然后维持堆肥温度在 40~50℃，以利于纤维素分解，促进氨化作用和养分的释放。在碳氮比、水分、空气和粒径大小等均处于适宜状态的情况下，微生物的活动就能使沤堆中心温度保持在 60℃ 左右，使秸秆快速熟化，并能高温杀灭堆沤物中的病原菌和杂草种子。

3. pH 值

大部分微生物适合在中性或微碱性（pH 值 6~8）条件下活动。秸秆堆沤必要时要加入相当于其重量 2%~3% 的石灰或草木灰调节其 pH 值。加入石灰或草木灰还可以破坏秸秆表面的蜡质层，加快腐熟进程。也可加入一些磷矿粉、钾钙肥和窑灰钾肥等用于调节堆沤秸秆的 pH 值。

4. 菌种

复合菌种要保存在干燥通风的地方，不能露天堆放。避免阳光直晒，防止雨淋。菌剂不宜长期保存，要在短期内用完。菌剂保管时不宜放在有化肥或农药的仓库内。

5. 有机肥必须完全腐熟

有机肥完全腐熟以利于杀灭各种病原菌、寄生虫和杂草种子，使之达到无害化卫生标准。

第二节 秸秆饲料化利用技术

秸秆饲料化利用技术主要是通过青贮、微贮、氨化处理、碱化处理、热喷处理、揉搓加工、制取压块饲料等处理技术，增加秸秆的营养价值和适口性，发展节粮型畜牧业。

一、秸秆青贮技术

(一) 青贮原理

利用自然界（如青贮原料、空气等）中的乳酸菌等微生物的生命活动，通过发酵作用，将秸秆原料中的糖类等碳水化合物变成乳酸等有机酸，增加青贮料的酸度，加之厌氧的青贮环境抑制了霉菌的活动，使青贮料得以长期保存。因此严格来说，秸秆的青贮法也是一种微生物发酵的方法，是以乳酸菌为主的自然发酵。适宜于青贮的农作物秸秆主要是玉米秸、高粱秸和黍类作物的秸秆。玉米秸、高粱秸等秸秆可用切碎机切碎后青贮，也可整株、整捆青贮。专作饲料的青饲玉米或密植玉米，在籽实蜡熟时收割，秸秆、果穗一起青贮，营养价值更好。

青绿植物包括农作物秸秆在成熟和晒干过程中，营养价值降低 30%~50%，而且纤维素增加，质地粗硬，不利于家畜利用。在秸秆的青贮过程中，微生物发酵能够产生有用的代谢产物，使青贮秸秆饲料带有芳香、酸、甜的味道，能提高牲畜的适口性从而增加其采食量。青贮还能有效地保存青绿植物的维生素和蛋白质等营养成分，同时还增加了一定数量的能被畜禽利用的乳酸和菌体蛋白质。

(二) 青贮设备与青贮方式

1. 青贮设备

青贮设备的种类很多，主要有青贮塔、青贮窖、青贮壕、青贮袋以及平地青贮等。青贮设备可采用土窖或者砖砌、钢筋混凝土，也可用塑料制品、木制品或钢材制作。由于青贮过程要产生较多有机酸，因此永久性青贮设备内壁应做防腐处理。青贮设备不论其结构、材质如何，只要能密闭、抗压、承重以及装卸料方便即可。国外多采用钢制圆形立式青贮塔，密闭性能好，厌氧条件理想。一般还附有抽真空的设备。

青贮设备的主要技术要求有两个：一是设备密闭性能好，不透空气；二是温度适宜，温度过高，产品容易腐败变质；温度过低，也会影响乳酸菌的繁殖和产酸率，故以 19~37℃ 为宜。

2. 青贮方式

（1）根据青贮设备分类。根据青贮设备设施青贮方式可以分为地上堆贮法、窖内青贮法、水泥池青贮法、土窖青贮法等。

地上堆贮法：选用无毒聚乙烯塑料薄膜，制成直径 1.0 米、长 1.7 米的口袋，每袋可装切短的玉米秸 250 千克左右。装料前先用少量砂料填实袋底两角，然后分层装压，装满后扎紧袋口堆放。这种青贮法的优点是用工少、成本低、方法简单、取喂方便，适宜一家一户青贮。

窖内青贮法：首先挖好圆形窖，将制好的塑料袋放入窖内，然后装料，原料装满后封口盖实。这种青贮法的优点是塑料袋不易破损、漏气、进水。

水泥池青贮法：在地下或地面砌水泥池，将切碎的青贮原料装入池内封口。这种青贮法的优点是池内不易进气、进水，经久耐用，成功率高。

土窖青贮法：选择地势高、土质硬、干燥朝阳、排水容易、地下水位低、距畜舍近、取用方便的地方，根据青贮量挖一长方形或圆形土窖，底和周围铺一层塑料薄膜，装满青贮原料后，上面再盖塑料薄膜封土，不论是长方形窖，还是圆形窖，其宽或直径不能大于深度，便于压实。这种青贮法的优点是贮量大、成本低、方法简单。

（2）根据青贮饲料的调制方法分类。根据青贮饲料的调制方法青贮方式可以分为高水分青贮、低水分青贮、混合青贮和添加剂青贮等。

高水分青贮：高水分青贮又叫普通青贮，是指青贮原料不经过晾晒，不添加其他成分直接进行青贮，青贮原料的含水量高达75%。

低水分青贮：低水分青贮又叫半干青贮，是将原料晾晒到含水量为40%～55%后进行青贮。

混合青贮：混合青贮又叫复合青贮，是将两种或两种以上青贮原料按一定比例进行青贮。

添加剂青贮：添加剂青贮又叫外加剂青贮，是为了获得优质青贮料而借助添加剂对青贮发酵过程进行控制的一种保存青绿饲料的措施。添加剂青贮的优势在于一方面可促进乳酸发酵，另一方面可抑制有害微生物活动。

（三）调制方法

1. 原料含水量的调节

一般情况下，青贮技术对原料的含水量要求在70%左右，原料含水量过低，不易压实，内有空气，易引起霉败；原料含水量过高，则可溶性营养物质易渗出流失，影响青贮的品质。在操作中对含水量过高的原料可适当晾晒，或混入适量含水量较少的原料；含水量偏低时，可均匀喷洒适量的清水或混入一些多汁饲料。

2. 收贮

原料的收贮时间对青贮饲料的营养品质影响很大。一般专用于青贮的玉米，要求在乳熟期后期收割，将基叶与玉米果穗一起切碎进行青贮；需要收籽粒的玉米，要求在蜡熟期后割取上半部茎叶青贮。

3. 切短和压实

原料一定要切碎，越碎越好，一般地，玉米秸秆长度不超过3厘米，山芋秧长度不超过5厘米。这样易于压实，并能提高青贮袋、青贮窖的利用率。同时切碎后渗出的汁液中有一定量的糖分，有利于乳酸菌迅速繁殖发酵，便于提高青贮饲料的品质。

4. 密封和管理

装入青贮原料时要分层压紧踩实，以便迅速排出原料空隙间存留的空气，防止发酵失败。

（四）青贮饲料添加剂

目前，生产中常用的青贮饲料添加剂主要包括以下8种。

1. 氨水和尿素

氨水和尿素是较早用于青贮饲料的一类添加剂，适用于青贮玉米、高粱和其他禾谷类。添加后可增加青贮饲料的粗蛋白质含量，抑制好氧微生物的生长，而对反刍家畜的食欲和消化机能无不良影响。青贮时尿素用量一般为 0.3%~0.5%。

2. 甲酸

甲酸是很好的有机酸保护剂，可抑制芽孢杆菌及革兰氏阳性细菌的活动，减少饲料营养损失。经试验证明，甲酸能使青贮饲料中 70% 左右的糖分保存下来，使粗蛋白质损失率减少。添加 1.0%~2.0% 的甲酸制成的青贮料，颜色鲜绿，香味浓，用其喂奶牛、犊牛，日增重有显著提高。

3. 丙酸

丙酸对霉菌有较好的抑制作用，在品质较差的青贮饲料中加入 0.5%~6.0% 的丙酸，可防止上层青贮饲料的腐败。如果同时添加甲酸和丙酸，青贮效果更好。一般每吨青贮饲料需添加 5 千克甲酸、丙酸混合物（甲酸：丙酸为 30：70）。

4. 稀硫酸和盐酸

加入这两种酸的混合物，能迅速杀灭青贮饲料中的杂菌，降低青贮秸秆的 pH 值，并使青贮饲料变软，有利于家畜消化吸收。此外，还可使青贮饲料易于压实，增加贮量；使青贮饲料很快停止呼吸作用，从而提高青贮成功率。方法：用 30% 盐酸 92 份和 40% 硫酸 8 份配制成原液，使用时将原液用水稀释 4 倍。每吨原料加稀释液 50~60 千克。配制原液时要注意安全。

5. 甲醛

甲醛能抑制青贮过程中各种微生物的活动。青贮料中加入甲醛后，发酵过程中基本没有腐败菌，青贮料中氨态氮和总乳酸量显著下降，用其饲喂家畜，消化率较高。甲醛的一般用量为 0.7%，如果同时添加甲酸和甲醛（1.5% 的甲酸和 1.5%~2.0% 的甲醛）效果更好。用此法青贮含水量多的细嫩植株茎叶效果最好。

6. 食盐

青贮原料含水量低、质地粗硬、细胞液难以渗出，加入食盐可促进细胞液渗出，有利于乳酸菌发酵。添加食盐还可以破坏某些毒素，提高饲料适口性。添加量为 0.3%~0.5%。

7. 糖蜜

糖蜜是制糖工业副产物，其含糖量为 5% 左右。在含糖量少的青贮原料中添加糖蜜，可增加可溶性糖含量，有利于乳酸菌发酵，减少饲料营养损失，提高适口性。添加量一般为 1.0%~3.0%。

8. 活干菌

添加活干菌处理秸秆可将秸秆中的木质素、纤维素等酶解，使秸秆柔软，pH 值下降，有害菌活动受到抑制，糖分及有机酸含量增加，从而提高消化率。用量为每吨秸秆添加活干菌 3 克。处理前，先将 3 克活干菌倒入 2 千克水中充分溶解，常温下放置 1~2 小时复活，然后将其倒入 0.8%~1.0% 食盐水中拌匀，青贮时将菌液均匀洒到秸秆上。以后按常规处理。

（五）青贮饲料质量评定

在生产实践中一般采用简单而直观的方法来判断青贮质量，常用的方法为感观评定法，即通过青贮饲料的色泽、气味和结构等来进行质量评定。

1. 色泽

优质的青贮饲料非常接近作物原先的颜色，若青贮前作物为绿色，青贮后以仍为绿色或黄绿色为佳。单凭色泽来判断青贮质量，有时也会误入歧途。例如，红三叶草调制成的青贮，常为深棕色而不是浅棕色，此时实际上是极好的青贮饲料。青贮榨出的汁液，是很好的指示器，通常颜色越浅，表明青贮越成功，禾本科牧草尤其如此。

2. 气味

品质优良的青贮通常具有轻微的酸味和水果香味，类似切开的面包味和香烟味（由乳酸所致）。如果出现陈腐的脂肪臭味以及令人作呕的气味，说明产生了丁酸，这是青贮失败的标志。霉味则说明压得不实，空气进入了青贮窖，引起饲料霉变。如果出现一种类似猪粪尿的臭气，则说明蛋白质已大量分解。

3. 结构

植物的结构（茎、叶等）应当能清晰辨认。结构破坏及呈黏滑状态是青贮严重腐败的标志。

4. 尝味道

通常只适用于具有丰富实践经验的人。

以上所介绍的用感观判断青贮质量的方法，常常是不够准确的。在有条件的地方应当通过实验室方法，科学地判断青贮质量。

二、秸秆微贮技术

秸秆微贮技术通过加入木质素、纤维素发酵剂，在密闭的厌氧条件下，促进秸秆纤维素、半纤维素和木质素的分解，改善秸秆的适口性，提高其消化率，并增加营养。秸秆微贮处理农作物秸秆，具有产量高、成本低、增重快及无毒害等特点，可以作为一种处理秸秆的新技术，生产的饲料广泛应用于草食家畜的饲养。

（一）微贮原理

秸秆中加入高活性发酵菌种后，秸秆中分解纤维素的菌数大幅度提高。在适宜温度、湿度和密闭的厌氧条件下，秸秆中的纤维素、半纤维素和木质素大量降解，产生糖类，继而又被转化成乳酸和挥发性脂肪酸，使 pH 值下降至 4.5~5.0，抑制有害菌和腐败菌的繁殖。经微贮后，秸秆转化成优质粗饲料，不但提高了饲用价值，而且使后者不易发生腐败，可以长期储存饲喂。

秸秆微贮后变得蓬松和柔软，其适口性提高，增加了动物对其的采食量；变得柔软和膨胀的秸秆能够充分地与反刍动物瘤胃微生物相接触，从而使粗纤维类物质能够更充分地被瘤胃微生物分解，提高了其消化率；秸秆微贮提高了秸秆碳水化合物和脂肪酸含量，进而提高了其营养价值；秸秆微贮导致秸秆饲料的 pH 值逐步下降，当 pH 值下降至 4.5~5.0 时，酸性抑制了各种微生物的活动，从而使各种有害菌不能繁殖，使微贮秸秆饲料可以长期保存。

（二）微贮发酵过程

1. 有氧发酵过程

微贮是在厌氧条件下利用微生物发酵的秸秆处理技术。但在秸秆的封闭过程中，秸秆原料中或多或少地存在着氧气，这就使得在发酵的最初几天里好氧微生物得以生长和繁殖。这些好氧微生物的活动可将秸秆中的少量糖分和氧气转化成二氧化碳和水，最后氧气越来越少，直至氧气的含量下降为零。这时好氧微生物就不能生存，全部死亡。

2. 秸秆的酶解过程

微生物的活动产生了各种酶类，这些酶类能破坏秸秆中的纤维素、半纤维素和木质素的结构，使它们逐级降解成各种糖类物质。秸秆的酶解过程是比较缓慢的，随着微生物繁殖量的增加和微生物活性的提高，秸秆被逐步酶解为糖类物质。在整个酶解过程中，半纤维素最易被降解，形成较大数量的木糖、阿拉伯糖、葡萄糖、甘露糖和半乳糖。当这些糖类达到一定浓度时，微生物就可以利用这些糖分作为底物产酸发酵。

3. 产酸发酵过程

微生物以秸秆饲料中的糖类作为底物，并将它们转化为有机酸类的过程即为产酸发酵过程。秸秆经有氧发酵后，氧气被消耗尽，好氧微生物不能存活，这时厌氧微生物开始活动。它们在厌氧条件下，不能将糖类底物彻底转化成水和二氧化碳，只能将其分解为各种有机酸类，包括乙酸、丙酸、乳酸、丁酸等。这些有机酸在秸秆饲料中发生电离，形成大量的氢离子，使秸秆饲料酸化，pH 值下降。当 pH 值下降至 4.5~5.0 时，酸性又抑制了各种微生物的活动，从而使微生物活动减慢，最后形成良好的秸秆微贮饲料。

（三）操作方法

1. 水泥窖微贮法

窖壁、窖底采用水泥砌筑，将秸秆铡切后入窖，按比例喷洒菌液，分层压实，窖口用塑料膜覆盖好，然后覆土密封。

2. 土窖微贮法

在窖的底部和四周铺上塑料薄膜，将秸秆铡切入窖，分层喷洒菌液压实，窖口再盖上塑料薄膜覆土密封。

3. 塑料袋窖内微贮法

根据塑料袋的尺寸先挖一个圆形的窖，然后把塑料袋放入窖内，再放入秸秆分层喷洒菌液压实，将塑料袋口扎紧，覆土密封。

4. 压捆窖内微贮法

秸秆经压捆机打成方捆，喷洒菌液后入窖，填充缝隙，封窖发酵，出窖时揉碎饲喂。

(四) 技术要求

秸秆微贮技术基本要求包括以下 8 个方面。

1. 微贮设施

微贮可用水泥池、土窖，也可用塑料袋。水泥池是用水泥、黄沙、砖为材料在地下砌成长方形池子。最好砌成两个相同大小的，以便交替使用。这种池子的优点是不易进水、密封性好、经久耐用、成功率高。土窖的优点是成本低、方法简单、贮量大，但要选择地势高、土质硬、向阳干燥、排水容易、地下水位低的地方，在地下水位高的地方，不宜采用。水泥池和土窖的尺寸根据需要量设计建设，深以 2 米为宜。

2. 菌种复活

秸秆发酵活干菌每 3 克可处理秸秆 1 吨或青饲料 2 吨。处理前先将菌种倒入 25 千克水中，充分溶解。可在水中加糖 2 克，溶解后，再加入活干菌，这样可以提高其复活率，保证饲料质量。然后在常温下放置 1~2 小时，可使菌种复活，配制好的菌剂一定要当天用完。

3. 秸秆微贮的不同配方

稻麦秸秆 1 000 千克、活干菌 3 克、食盐 12 千克、水 1 200 千克；

黄玉米秸秆 1 000 千克、活干菌 3 克、食盐 8 千克、水 800 千克；青玉米秸秆 2 000 千克、活干菌 3 克、水适量，不加食盐。将复活好的菌剂倒入充分溶解的 1% 的食盐水中拌匀，食盐水及菌液量根据秸秆的种类而定。用于微贮的秸秆一定要切短，喂牛切短至 5~8 厘米，喂羊切短至 3~5 厘米，这样易于压实和提高微贮的利用率及保证贮料的制作质量。

4. 喷洒菌液

将切短的秸秆铺在窖底，厚 20~25 厘米；均匀喷洒菌液，压实后，再铺 20~25 厘米秸秆；再喷洒菌液、压实，直到高出窖口 40 厘米再封口。如果当天装窖没装满，可盖上塑料薄膜，第二天装窖时揭开塑料薄膜继续装填。

5. 加入玉米粉等营养物质

在微贮麦秸和稻秸时，添加 5% 的玉米粉、麸皮或大麦粉，可提高微贮料的质量。添加玉米粉、麸皮或大麦粉时，铺一层秸秆撒一层粉，再喷洒一次菌液。

6. 微贮料水分控制与检查

微贮饲料的含水量是否合适是决定微贮饲料好坏的重要条件之一。因此，在喷洒和压实过程中，要随时检查秸秆的含水量是否合适，各处是否均匀一致，特别要注意层与层之间水分的衔接，不要出现夹干层。微贮饲料含水量在 60%~65% 最为理想。

含水量的检查方法：抓取秸秆试样，用双手扭拧，若有水往下滴，其含水量约在 80% 以上；若无水滴，松开手后看到手上水分很明显，约为 60%；若手上有水分（反光），为 50%~55%；感到手上潮湿，为 40%~45%；不潮湿则在 40% 以下。

7. 封窖

当秸秆分层压实高出窖口 40 厘米时，在最上面一层均匀撒上食盐，再压实后盖上塑料薄膜。食盐的用量为每平方米 250

克，其目的是确保微贮饲料上部不发生霉变。盖上塑料薄膜后，在上面撒 20~30 厘米厚的秸秆，覆土 15~20 厘米，密封。秸秆微贮后，窖池内贮料会慢慢下沉，应及时加盖土使之高出地面，并在周围挖好排水沟，以防雨水渗入。

8. 开窖

开窖时应从窖的一端开始，先去掉上边覆盖的部分土层、草层，然后揭开薄膜，从上至下垂直逐段取用。每次取完后，要用塑料薄膜将窖口封严，尽量避免秸秆与空气接触，以防二次发酵和变质。微贮饲料在饲喂前，最好再用高湿度茎秆揉碎机进行揉搓，使其成细碎丝状物，以便进一步提高牲畜的消化率。

优质秸秆微贮饲料具有醇香味和果香气味，并具有弱酸味。微贮原料中水分过多和高温发酵会造成饲料有强酸味，当压实程度不够和密封不严，有害微生物发酵，会造成有腐臭味、发霉味。

三、秸秆氨化处理技术

秸秆氨化处理技术是在密闭的条件下，在水稻、小麦、玉米等秸秆中加入一定比例的液氨或者尿素进行处理的方法。

（一）氨化方法

目前，采用的氨化方法有堆垛法、袋装法、窖池法等。另外，还可以利用现有的容器因地制宜进行氨化（如用大缸甚至墙角等）。氨化秸秆的主要氨源有液氨、尿素、碳酸氢铵和氨水。

1. 堆垛法

堆垛法主要在我国南方周年采用和北方气温较高的月份采用。堆垛法是指将切碎处理的农作物秸秆堆成垛，注入氨化剂后用聚乙烯塑料薄膜进行密封氨化处理的一种方法，此法操作简便，无规模限制，适用于中小型规模养殖户。

选择地势平坦、排水较好的场地，在地面平铺厚度为 0.1 ~ 0.2 毫米的无毒聚乙烯塑料薄膜，将切碎处理后的秸秆（长度为 3 ~ 10 厘米）于底膜上堆垛，按每立方米 70 千克垛重确定高度与面积，同时往秸秆中加水，含水量控制在 20% 左右，将秸秆垛用塑料薄膜覆盖，外层用泥土或砖块压紧，防止漏气；在秸秆垛中插入多根塑料管，通入 30% 秸秆重量的氨水或液氨，完成后用胶布封住洞孔。若使用尿素或氢氧化铵，需按一定比例加水制成溶液，均匀喷洒在秸秆表面，层层压实，密封。日常管理中如发现薄膜破损，应及时修补，防止漏氨。

2. 袋装法

袋装法与堆垛法制作方式类似，是在塑料袋中进行秸秆密闭氨化。此法灵活方便，整袋取用，不易腐败，适用于规模较小的养殖户。氨化袋应大小适中，一般长 2.5 米、宽 1.5 米，多选用双层塑料袋；装袋时，应分层堆积，用力踩实，少留空隙，同时避免戳破；封口严实后仔细检查，防止漏气，堆放于干燥向阳处。

3. 窖池法

窖池法是我国应用最为普及的一种氨化方法。在温度较高的黄河以南地区，多数是在地面上建窖池，充分利用春、夏、秋季节气温高、氨化速度快的有利条件；而在北方较寒冷地区，夏季时间短，多利用地下或半地下窖制作氨化饲料，以便冬季利用，适用于较大规模养殖户。首先择地建窖，氨化窖应建在干燥向阳、排水方便的养殖场附近，一般是呈长方形或梯形的水泥窖，窖高 2 ~ 3 米、宽 3 ~ 4 米，长度依氨化秸秆的量而定。窖壁光滑无裂缝，不渗水。其次喷洒注氨，把秸秆切短至 2 ~ 3 厘米，逐层平铺于氨化窖中，每层厚度为 20 ~ 30 厘米；将尿素或氢氧化铵（尿素和秸秆重量比为 20 ∶ 1）溶于水中配制成溶液，均匀、逐层地喷洒在秸秆表面，边装窖边压实，直至装满。最后密闭氨化，待秸秆高出窖口20~30厘米，呈圆拱形，用塑料薄膜覆盖，四周用泥土封严，防止漏气。当外界温度为15~30℃时，经20~30天即氨化完成。

（二）技术操作要点

1. 氨化温度

氨化秸秆的速度与环境温度关系很大，温度较高时，应缩短氨化时间。一般适宜的氨化最佳温度是10~25℃。温度在17℃时，氨化时间可少于28天；当氨化的温度高达28℃时，只需10天左右即可氨化完成。

2. 氨的用量

综合考虑氨化效果及其成本，一般氨的用量以3.0%为宜。根据这一数值，针对不同的氨源，其用量占秸秆重的比例如下：液氨2.5%~3.0%，尿素4.0%~6.0%，氨水10.0%~15.0%，碳酸氢铵10.0%~15.0%。

3. 秸秆品质

氨化秸秆必须有适当的水分，一般以25%~35%为宜。含水量过低，水分都吸附在秸秆中，没有足够的水分与氨结合，氨化效果差。含水量过高，不但开窖后需长时间晾晒，而且会引起秸秆发霉变质，影响氨化效果。

（三）注意事项

一是在制作氨化秸秆时要严格按规定使用氨源，不可随意加大用量；如果以尿素、碳酸氢铵作为氨源时，务必使其完全溶解于水后方可使用；以尿素为氨源时，要避开盛夏35℃以上的天气。

二是应将液氨或氨源溶解液均匀地喷洒于秸秆上，以便于氨源与饲料混合均匀，提高秸秆氨化效果。

三是好的氨化秸秆质地柔软，颜色呈棕色或深黄色，而且发亮。若颜色和普通秸秆一样，说明没有氨化好。氨化失败的秸秆颜色较暗，甚至发黑，有腐烂味。腐败的氨化秸秆不能饲喂家畜，只能用作肥料。

四是要根据日常饲喂量随用随取。每次取出氨化秸秆后，剩余部分要重新密封，以防漏气。含水量大的秸秆也可大量出料，晾干后保存。氨化好的秸秆，开封后有强烈的氨味，不能直接饲喂，须将氨化好的秸秆摊开，经常翻动，经放氨后方可饲喂。

五是氨化饲料只能用作成年牛、羊等反刍家畜的饲料，未断奶的犊牛、羔羊应该慎用。开始饲喂时量不宜过多，可同未氨化的秸秆一起混合使用，以后逐渐增加氨化秸秆的用量，直到完全适应时再大量使用。

六是给动物饲喂氨化饲料后不能立即饮水，否则氨化饲料会在其瘤胃内产生氨，导致中毒。

四、秸秆碱化处理技术

秸秆饲料碱化处理原理是借助碱性物质，使秸秆饲料纤维素内部的氢键结合力变弱，破坏酯键或醚键，使纤维素分子膨胀，溶解半纤维素和一部分木质素，以便于反刍动物瘤胃液渗入、瘤胃微生物发挥作用，从而改善秸秆饲料的适口性，提高秸秆饲料采食量和消化率。方法有石灰处理法、氢氧化钠处理法、碳酸钠处理法、过氧化氢处理法等。

（一）石灰处理法

石灰处理法简便易行、投资少、效果好。先把秸秆铡短或粉碎，按每100千克秸秆加入2~3千克生石灰或4~5千克石灰膏、100~120升水的比例进行配制和处理。其具体方法是先将石灰溶解于水，沉淀除渣后再把石灰水均匀泼洒、搅拌到秸秆中，然后堆起熟化 1~2 天即可。冬季熟化的秸秆要堆放在比较温暖的地方盖好，以防止发生冰冻。若在夏季，要堆放在阴凉处，防止发热。也可把石灰配成 6%的悬浊液，每千克秸秆用 12 升石灰水浸泡 3~4 天，捞出沥去水分并冲洗后即可直接喂用。若把浸好的秸秆捞出沥去石灰水后踩实封存起来，过一段时间再用将会更好。

（二）氢氧化钠处理法

氢氧化钠处理分为湿法处理和干法处理两种处理方式。

1. 湿法处理

配制 1.5%氢氧化钠溶液，按照秸秆与 1.5%氢氧化钠溶液以 1：（8~10）的比例，在室温下浸泡秸秆 1~3 天，然后将秸秆捞出，用清水漂洗，除去余碱。经处理后的秸秆饲喂家畜，可使秸秆的消化率提高，并使其能值达到优质干草的水平。

2. 干法处理

使用 1.5%氢氧化钠溶液喷洒，每 100 千克秸秆用 1.5%氢氧化钠溶液 30 千克，边喷洒边搅拌，然后入窖保存，也可压制成颗粒饲料，不用冲洗，直接饲喂家畜。经此法处理后秸秆消化率一般可提高 12%~15%。

（三）碳酸钠处理法

用碳酸钠处理秸秆时，按每千克秸秆干物质用碳酸钠 80 克的比例使用，将碳酸钠溶液均匀喷洒在切细的秸秆上，再加水使秸秆的含水量达到 40%左右，在 15~25℃条件下密闭保存 4 周左右。最后开封，将秸秆放在水泥地板上晾干，即可饲喂家畜。

（四）过氧化氢处理法

用碱性过氧化氢处理秸秆，过氧化氢的用量占秸秆干物质的 3%。将过氧化氢溶液均匀喷洒在切细的秸秆上，再加水使秸秆的含水量达到 40%左右，在 15~25℃条件下密闭保存 4 周左右。

最后开封，将秸秆放在水泥地板上晾干，即可饲喂家畜。

五、秸秆热喷处理技术

秸秆热喷处理是一种将铡短成约 8 厘米长的农作物秸秆，混入饼粕、鸡粪等，装入饲料热喷机内，在一定压力的热饱和蒸汽下保持一定时间，然后突然降压，使物料从机内喷爆而出从而改变其结构和某些化学成分，并消毒、除臭，使物料可食性和营养价值得以提高的热压力加工工艺。经热喷处理的秸秆饲料，其可溶性成分和可消化、吸收成分明显增加，适口性变好，从而饲用价值提高。但是这种工艺所需设备工艺较为复杂，因此适合大型加工企业产业化开发。

（一）热喷原理

物料在热喷处理时，利用蒸汽的热效应，在高温下使木质素熔化，纤维素分子断裂、降解，同时因高压力突然卸压，产生内摩擦力喷爆，使纤维素细胞撕裂，细胞壁疏松，从而改变了粗纤维的整体结构和化学分子链结构。在热喷处理时，物料在高压罐内 1~15 分钟的状态：压力 0.39~1.18 兆帕、温度 145~190℃、含水量 25%~40%，这可使物料纤维细胞间木质素熔解，氢链断裂，纤维结晶度降低。当突然喷爆时，木质素就会熔化，同时发生若干高分子物料的分解反应；再通过喷爆的机械效应，应力集中于熔化木质素的脆弱结构区，使得细胞壁疏松，细胞游离，物料颗粒骤然变小，总面积增大，从而达到质地柔软和味道芳香的效果，提高了家畜对秸秆饲料的采食量和消化率。

（二）热喷工艺

秸秆饲料热喷工艺是由特殊的热喷装置完成的。热喷设备包括热喷主机和辅助设备两大部分，热喷主机由蒸汽锅炉和压力罐组成。蒸汽锅炉提供中低压蒸汽，压力罐是一个密闭受压容器，是对秸秆原料进行热蒸汽处理及喷爆的专用设备。辅助设备由切碎机、储料仓、传送带、泄力罐等组成。

原料经铡草机切碎，进入储料仓内，经进料漏斗，被分批装入安装在地下的压力罐内。然后将压力罐密封后通入 0.50~1.00 兆帕的蒸汽（蒸汽由锅炉提供，进气量和罐内压力由进气阀控制），维持一定时间（1~30 分钟）后，由排料阀减压喷爆，秸秆经排料阀进入泄力罐。喷爆出的秸秆可直接饲喂牲畜或压制成型储运。

（三）热喷效果

热喷后由于秸秆的物理性质发生了变化，其全株采食率由50%提高到90%以上。热喷装置还可以对菜粕、棉粕进行脱毒，对鸡鸭粪便、牛粪进行除臭、灭菌处理，使之成为正常的蛋白质饲料。

热喷工艺条件主要包括 3 个要求，即处理时的压力、保温时间和喷爆压力。因此，其热喷的效果取决地上述 3 项指标及其配合应用。在生产中应用时，出于对设备安全、价格和管理等因素考虑，多采用低压力区（小于 1.57 兆帕）和长时间（3~10 分钟）的处理工艺，其消化率提高的幅度小于中压力区（1.57~3.33 兆帕）和短时间（1~5 分钟）的处理效果，相当于中压力区效果的 60%~80%，但适合我国目前的实际情况。

六、秸秆揉搓加工技术

（一）技术原理

秸秆揉搓加工技术是将收获成熟玉米果穗后的玉米秸秆，用挤丝揉搓机械将硬质秸秆纵向铡切破皮、破节、揉搓拉丝后，加入专用的微生物制剂或尿素、食盐等多种营养调制剂，经密封发酵后形成质地柔软、适口性好、营养丰富的优质饲草的技术。可用打捆机压缩打捆后装入黑色塑料袋内储存。经过加工的饲草含有丰富的维生素、蛋白质、脂肪、纤维素，气味酸甜芳香，适口性好，消化率高，可供四季饲喂，可保存 1～3 年，同时由于采用小包装，避免了取饲损失，便于储藏、运输及商品化。

秸秆揉搓加工能够极大地改善和提高玉米秸秆的利用价值、饲喂质量，降低饲养成本，显著提高畜牧业的经济效益，有力地推动和促进畜牧业向规模化、集约化和商品化方向发展。此外，秸秆揉搓加工能够改善养殖基地和小区饲草料的储存环境，可有效地提高农村养殖基地的环境水平。

（二）工艺过程

1. 工艺流程

秸秆（主要是玉米、豆类秸秆）经揉搓加工机械精细加工后，变成柔软的丝状散碎饲料。经揉搓加工的秸秆物料，经短时间的自然晾晒干燥后即可用打捆机进行打捆，便于储存和后期深加工。秸秆揉搓加工的主要工艺路线：收获成熟玉米果穗后的秸秆 → 机械挤丝揉搓 → 添加微生物制剂 → 机械压缩打捆 → 装入塑料袋密封发酵 → 储藏运输 → 饲喂。

2. 技术操作要点

（1）适时收割。要求玉米秸秆无污染、无霉烂、无泥土杂质，符合无公害生产标准。适宜的加工用玉米秸秆收获期为玉米蜡熟期，此时大多数秸秆仍带有 4～6 片绿叶，含水量在 55%～65%。

（2）秸秆揉搓加工。揉搓加工机械开机前必须检查，主要检查内容：电机接线是否正确，各连接部位是否有松动现象，皮带松紧度是否合适，转子是否转动灵活，机体内是否有异物等。通过机械揉搓加工能实现对玉米秸秆的纵向压扁揉搓和侧切挤丝，达到破坏秸秆表面的蜡质层、角质层和茎节的目的。经挤丝揉搓的玉米秸秆呈长度为 3~7 厘米、宽度为 4 毫米左右的细丝状。发酵后饲草质地极为柔软，适口性大幅度增加，奶牛采食率可达 98% 以上，比传统横向铡切玉米秸秆提高 40% 以上。

（3）加入秸秆微生物制剂。其目的是降低秸秆中的营养损耗，抑制有害微生物繁殖，防止腐烂，促进厌氧发酵，保证饲草质量及利用价值。通常情况下按每 3 吨草料加入 1 千克微生物制剂为宜。

（4）打捆。经揉搓和添加微生物制剂的草料必须及时压实成捆，排出草料中的空气，最大限度地降低草料的氧化过程。饲草液压打捆机打出的方草捆质量为 50 ~ 85 千克/捆，密度为 500~600 千克/米³，压缩比为 40% 左右。

（5）装袋。装袋是为了将草捆与外界空气相隔离，实现饲草厌氧乳酸菌发酵，达到秸秆微贮的目的。将打好的草捆及时装入厚 0.10 ~ 0.15 毫米、150 厘米×80 厘米的聚乙烯黑色塑料袋中，尽可能排除草捆与袋膜间的空气并扎紧，再套入编织袋中并扎紧袋口，最后称重，并在编织袋上用记号笔标注生产日期、重量、生产地点、批次等信息。

（6）储藏。为保证草捆的长期储藏质量，储藏场所要求避风、避光、干燥，防止积水，注意防治鼠害。日常检查中如发现个别草捆有破损时，必须及时封堵，防止漏气。

（三）秸秆揉搓饲料评价标准

玉米秸秆经揉搓加工后，若饲料颜色为绿色或黄绿色，则为上等饲料，酸味浓，有芳香味，柔软稍湿润。中等饲料颜色为黄褐色或黑绿色，酸味中等或较少，芳香，稍有酒精味，柔软稍干或水分稍少。下等饲料为黑色或褐色，酸味很少，有臭味，呈干燥松散或黏软块状，为防止牲畜中毒，该种饲料不宜饲喂牲畜。

七、秸秆制取压块饲料

秸秆制取压块饲料是指将各种农作物秸秆经机械铡切或搓揉粉碎，混配以必要的营养物质，经过高温高压轧制而成的高密度块状饲料，被人们称为牛、羊的"压缩饼干""方便面"。秸秆压块后体积大大缩小，搬运方便，饲喂时更为方便省力，只要将秸秆压块饲料按 1∶（1~2）的比例加水，使之膨胀松散即可饲喂，劳动强度低，工作效率高。

（一）技术原理

秸秆制取压块饲料适于长距离运输，可有效地调剂农区与牧区之间的饲草余缺。春、冬两季时，各地的牧草和农作物秸秆短缺，牲畜普遍缺草，而到了夏、秋两季，各种农作物秸秆及牧草资源极为丰富。在秋季通过机械加工压块饲料，使之成为适于长途运输或长期储存的四季饲料，可有效地解决部分地区饲草资源稀少和冬、春两季缺草的问题。

（二）操作要点

1. 秸秆收集与处理

秸秆收集后要进行如下 2 个处理。一是晾晒。适宜压块加工的秸秆含水量应在 20% 以内，最佳为 16%~18%。二是切碎或搓揉粉碎。在切碎或搓揉粉碎前一定要去除秸秆中的金属物、石块等杂物。切碎长度应控制在 30~50 厘米。秸秆切碎后将其堆放12~24 小时，使切碎的秸秆原料各部分含水量均匀。含水量低时，应适当喷洒一些水，含水量保持在 16%~18%。

2. 添加营养物质

为了使压块饲料在加水松解后能够直接饲喂，可在压块前添加足够的营养物质，使其成为全价营养饲料。精饲料、微量元素等营养物质要根据牲畜需要和用户需求按比例添加，并混合均匀。

3. 轧块机压块

将物料推进模块槽中，利用高压和高温使物料熟化，经模口强行挤出，生成秸秆压块饲料。从轧块机模口挤出的秸秆饲料块温度高、含水量大，可用冷风机将其迅速降温，这样可有效地减少压块饲料中的水分。为了保证成品质量，必须将降温后的压块饲料摊放在硬化场上晾晒，继续降低其含水量，以便于长期保存。

4. 秸秆压块饲料存储

将成品压块饲料按照要求进行包装，储存在通风干燥的仓库内，并定期翻垛检查有无温度升高现象，以防霉变。

(三) 注意事项

根据地区秸秆资源条件，确定用于压块饲料生产的主要秸秆品种，首选豆科类秸秆，其次为禾本科类秸秆。

秸秆无霉变是确保秸秆压块饲料质量的基本要求。因此，在秸秆收集与处理过程中，一要确保不收集霉变秸秆；二要对收集到的秸秆进行妥善保存，防止霉变。

【典型案例】

新疆生产建设兵团第四师七十七团：
秸秆资源巧利用多元发展促增收

一、基本情况

新疆生产建设兵团第四师七十七团（以下简称"七十七团"）位于伊犁的昭苏盆地，耕地面积 21.89 万亩，土壤肥沃，主要种植春小麦、春油菜、马铃薯等作物，年产秸秆总量 8.5 万吨左右。近年来，七十七团建立完善收储运体系，扶持培育秸秆还田、收储运、加工利用等市场主体，大力推广秸秆粉碎还田免耕技术、秸秆饲料化利用技术，广泛宣传秸秆综合利用政策及先进技术模式，秸秆综合利用水平明显提升。

二、主要做法

（一）细化工作任务

七十七团对秸秆禁烧和综合利用工作进行了全面部署，印发《第四师七十七团2021年秸秆综合利用工作建设实施方案》，成立秸秆禁烧和综合利用工作领导小组，细化了任务，明确了责任。

（二）加强技术指导

利用电视、微信、标语、专栏、条幅等方式强化技术和政策宣传，引导职工积极参与秸秆综合利用。组织各类技术人员到连队进行秸秆综合利用服务指导，利用农闲时间举办秸秆综合利用培训班15场次，培训1 300余人，增强禁烧和综合利用宣传效果。

（三）实行限价收购

与农户、企业、合作社、家庭农场沟通协调，实施秸秆最低收购价50元/亩、最高收购价120元/亩，对农户、中介组织、企业等主体给予直接补贴。

（四）加大奖补力度

对签订秸秆收购合同5万亩以上、收储运场所彩钢棚4 000米²以上、配套秸秆打捆设备的主体给予3万元的补助。对利用秸秆发展半干青贮、氨化、微贮的主体，按每100米³补贴100元的标准给予补助。按照小麦13元/亩、油菜25元/亩、马铃薯23元/亩的标准，对秸秆还田进行补助。2021年补助面积为17.9万亩，发放补贴265.58万元。

三、工作成效

2021年，全团收储秸秆8.5万吨，秸秆综合利用率达到

99.8%。通过实施秸秆还田和秸秆饲料化利用，建立"秸秆回收—饲料化利用—畜禽粪便还田"良性循环体系。一是提高了土壤肥力，秸秆还田补充土壤有机质，全团土壤有机质含量和土壤疏松度明显提高。二是减少了化肥用量，每亩化肥用量较往年减少12千克。农作物产量有所增加，平均单产同比提高了8%，亩增收70元左右。三是缓解了饲草矛盾，全年提供秸秆饲草3.4万吨，有效解决了饲草短缺的问题。四是提高了职工收入，出售小麦秸秆平均每年可增收5 600元，直接参与秸秆收储、运输等环节人均增收5 000余元，实现不离乡、不离土，致富开辟就业新路。

资料来源：农业农村部官网

第三节　秸秆能源化利用技术

一、秸秆发电技术

秸秆是一种很好的清洁可再生能源，对缓解温室效应具有重要意义。根据秸秆利用方式，主要有以下3种技术路线：秸秆直燃发电技术、秸秆（包括谷壳）气化发电技术和秸秆/煤混合燃烧发电技术。

（一）秸秆直燃发电技术

秸秆直燃发电技术是将秸秆直接送往锅炉中燃烧，产生高温高压蒸汽推动汽轮机做功。与常规的火力燃煤电厂相比，在设备组成上几乎没有太大的差别，只是在燃料上用秸秆取代了煤，相应地将常规燃煤锅炉换为秸秆直燃锅炉，而在汽轮机发电机组方面则几乎没有区别。其关键技术是秸秆燃烧技术。目前秸秆直燃发电技术主要采用水冷式振动炉排燃烧技术（以丹麦的 BWE 公司为代表）和流化床燃烧技术。2006 年 12 月正式投产的山东省国能单县生物质发电项目，是我国第一个国家级生物发电示范项目，该项目引进了丹麦 BWE 公司先进的秸秆燃烧发电技术。建设规模为 1 台容量为 135 吨/时的振动炉排高温高压锅炉和 1 台 25 兆瓦的单级抽凝式汽轮发电机组，燃料以破碎后的棉花秸秆为主，掺烧部分树枝和荆条等。浙江大学和中节能（宿迁）生物质能发电有限公司在江苏宿迁联合实施了秸秆直燃发电的示范项目，这是我国自主开发、完全拥有核心技术的示范发电项目，采用的是以稻草、小麦秸秆为单一燃料直接燃烧的流化床锅炉。

（二）秸秆（包括谷壳）气化发电技术

气化发电技术的基本原理是把秸秆（包括谷壳）等生物质转化为可燃气，再利用可燃气推动燃气发电设备进行发电。我国目前最大的生物质气化发电项目是江苏省兴化 5.5 兆瓦整体气化联合循环发电项目。电厂目前安装有 10 台 400 千瓦燃气内燃机发电机组、1 台 1 500 千瓦汽轮机发电机组，配 1 台 15 兆瓦循环流化床气化炉及 1 台余热锅炉，总装机容量 5 500 千瓦。燃料以稻壳为主，辅以稻草、棉花秆等农作物秸秆，每年可处理 3 万余吨稻壳和农作物秸秆。

秸秆发电系统的发电效率与成本都与系统的规模有关。发电规模小，初投资小，但是发电的效率差，发电的成本较高。从秸秆发电的燃料（原料）问题来看，目前秸秆/煤混燃发电技术，技术改造成本较低、收益快，是比秸秆直燃和秸秆（包括稻壳）气化发电技术更为可行的方案；从秸秆发电核心技术问题和国外技术成熟性的方面考虑，秸秆直燃发电技术是很好的选择，尤其是采用循环流化床秸秆燃烧发电技术，是未来秸秆焚烧发电技术的发展方向。

（三）秸秆/煤混合燃烧发电技术

秸秆/煤混合燃烧发电技术是将秸秆掺混于煤粉中，输送到锅炉中燃烧产生蒸汽，通过汽轮机系统驱动发电机发电。秸秆/煤混合燃烧发电从锅炉加热蒸汽之后的工艺技术与常规火力发电基本相同，只是在燃料输送、锅炉燃烧器设计与制造方面有所不同。2005年12月我国第一个农作物秸秆/煤混合燃烧发电项目在山东省枣庄市华电国际电力股份有限公司十里泉发电厂竣工投产，标志着我国秸秆/煤混合燃烧发电技术取得了新的重大进展。

二、秸秆制造固体燃料技术

秸秆固体燃料分为通过固化成型技术将秸秆直接固化成固体燃料和秸秆炭化成型燃料。

（一）秸秆固化成型技术

1. 秸秆固化成型技术概述

秸秆固化成型技术是将秸秆粉碎，使其具有一定粒度后，放入压制成型机中，在一定压力和温度的作用下，制成棒状、块状或粒状物的加工工艺。成型燃料热性能优于木材，与中质混煤相当，而且点火容易。生产秸秆固化成型燃料的工艺流程为秸秆收集→干燥→粉碎→成型→燃烧→供热。

秸秆固化成型主要是木质素起胶黏剂的作用。木质素在植物组织中有增强细胞壁和黏合纤维的功能，当温度在70~110℃时黏合力开始增加，在200~300℃时发生软化、液化。此时再加以一定的压力，并维持一定的热压滞留时间，可使木质素与纤维致密黏结，冷却后即可固化成型。从环保角度讲此技术不加任何添加剂，已经成为现代的主流。

2. 秸秆固化成型设备及其工作原理

压制成型机主要设备有挤压式、冲压式等类型。

（1）挤压式棒机。挤压式棒机是利用农作物秸秆及其他农林废弃物等的固有特性，经粉碎、螺旋挤压，在高温、高压条件下，木质原料中的木质素塑化使微细纤维相结合，形成棒状固体燃料。

（2）冲压式棒机。冲压式棒机是将秸秆粉碎后，在高压条件下制成棒状固体燃料的主要设备之一。该机采用温度调节器设定温度，操作方便。可利用秸秆的固有特性，通过冲压加热使秸秆塑化形成棒状固体燃料。

（二）秸秆炭化成型技术

农作物秸秆炭化成型技术是将水稻秸秆、玉米秸秆、小麦秸秆等原料烘干或晒干、粉碎，然后在制炭设备中，在隔绝空气或进入少量空气的条件下，进行加热分解，得到固体产物（木炭）。农作物秸秆制炭产品易燃、无烟、无味、无污染、无残渣、不易破裂且形状规则，含碳量高达 80%以上，热值达 16 736~25 104千焦/千克。

1. 秸秆炭化工艺流程

炭化是提高秸秆生物质使用价值的重要手段，炭化方式和炭化工艺直接决定了其机械强度、热值、碳含量等主要性能指标。炭化成型工艺可以分为两类：一类是先成型后炭化，另一类是先炭化后成型。

（1）先成型后炭化工艺。先用压制成型机将松散碎细的植物废料压缩成具有一定密度和形状的燃料棒，然后用炭化炉将燃料棒炭化成木炭。先成型后炭化工艺流程为原料→粉碎干燥→成型→炭化→冷却包装。

（2）先炭化后成型工艺。先将生物质原料炭化成颗粒状炭粉，然后再添加一定量的黏结剂，用压制成型机挤压成一定规格和形状的成品炭。先炭化后成型工艺流程为原料→粉碎除杂→炭化→秸秆混合→挤压成型→干燥→包装。这种成型方式使挤压成型特性得到改善，成型部件的机械磨损和挤压过程中的能量消耗降低。但是炭化后的原料在挤压成型后维持既定形状的能力较差，储运和使用时容易开裂和破碎，所以压缩成型时一般要加入一定量的黏结剂。如果在成型过程中不使用黏结剂，要保证成型块的储存和使用性能，则需要较高的成型压力，这将明显提高成型机的造价。这种成型方式在实际生产中很少见。

2. 秸秆炭化成型主要设备

炭化炉是缺氧干馏炭化的一种主要设备。首先制造一个四周和底层保温的箱体，四周选用珍珠岩和耐火砖保温，炉体大小需要设计，炭化炉总高 2 560 毫米、长 2 600 毫米、宽 2 180 毫米（带引火装置）。炉体用槽钢、角钢焊合，外壁采用 1.0~2.5 毫米铁皮，内壁夹层为耐火砖。炉内安装有支撑炭棒的钢筋算子，两端为活动门，密封性能要好，开启要方便。炭化炉主要通过对各种作物秸秆制成的棒料和块料或其他含碳物质的棒料（如木柴、树枝、各种果壳等）进行缺氧干馏炭化以制取木炭。

三、秸秆沼气技术

秸秆沼气技术是以秸秆为发酵原料，在隔绝空气并维持一定温度、湿度、酸碱度等条件下，通过沼气细菌的发酵作用生产沼气。根据秸秆处理工艺，沼气发酵可分为干法发酵和湿法发酵两类；根据工程规模和利用方式，又可分为农村户用秸秆沼气技术和规模化秸秆沼气工程两类。

（一）农村户用秸秆沼气技术

1. 户用沼气池型

为适应以秸秆为主要发酵原料的发酵工艺及运行管理的特别要求，必须对容积为 6~10 米³ 的圆筒形沼气池、预制混凝土板装配沼气池、椭球形沼气池 3 种池型进行适当的改进。主要措施：①所有沼气池应该按照国家标准设置天窗口和活动盖；②进料管要加粗，设置为 "Y" 形管，短管分别与厕所、猪圈连通，长管为秸秆专用进料通道，其内径不得小于 300 毫米；③出料口由圆形改为带有台阶的长方形，采用底层出料建造形式，并设置 2~3 级踏步，以便于出料操作；④在沼气池拱部设置回流管等搅拌装置。同时，为了日常小批量进料的酸化预处理以及暂存日常沼液，在进料口旁设置 0.2~0.3 米³ 的预处理池，要求所有沼气用户每 3~5 天强回流 1 次。这样，不仅可以加快产气，还可以很好地解决沼气池上层原料结壳的问题。

2. 秸秆原料的预处理

对秸秆进行预处理，是提高秸秆利用率和产气率的一种有效手段，是目前秸秆沼气利用研究的重要内容。

（1）秸秆备料。秸秆应选择本地有营养价值的秸秆，如玉米秸秆、小麦秸秆、稻草等。秸秆呈风干状态，未腐黑、霉变，不能受农药、消毒液等的污染。6 米³ 沼气池秸秆用量为 300 千克，8 米³ 沼气池秸秆用量为 400 千克，10 米³ 沼气池秸秆用量为 500 千克。秸秆的投池量要达到或略超过批量投料量，剩余堆沤好的秸秆可摊晒晾干后储藏，用于今后补料。

（2）秸秆处理。秸秆处理的核心是利用秸秆预处理复合菌剂对秸秆进行入池前处理。秸秆预处理复合菌剂可破坏秸秆表面的蜡质层，加强半纤维素和纤维素的分解，使秸秆柔软、疏松，便于被厌氧微生物利用，解决以前沼气池利用秸秆所造成的启动慢、分解率低等难题。秸秆处理的步骤如下。①秸秆铡短。用铡草机将秸秆铡成 3~6 厘米；玉米秸秆则需要用具有揉搓功能的秸秆揉搓机粉碎。对于机械化收割的稻、麦秸秆，由于其质地较松软，也可不粉碎整草入池。每立方米沼气池需秸秆 50 千克以上。②秸秆润湿。将秸秆加水进行润湿（比例1:1），操作时边加水（最好用粪水）边翻料，润湿要均匀。润湿15~24小时，然后用塑料布覆盖。③原料拌制。以8米³沼气池为例（用400千克秸秆），将1千克预处理复合菌剂和5千克碳酸氢铵（含氮量不小于17.1%）分层均匀撒到已润湿的秸秆上，边翻、边撒、边补充水分，将秸秆、菌剂和碳酸氢铵进行拌和，一般需要翻2次使之混合均匀。补充水量320~400千克，保证秸秆含水量在65%~70%。④秸秆收堆。将拌匀的秸秆自然收堆，堆宽为1.2~1.5米，堆高为1.0~1.5米（热天宜矮，冬天宜高），并在料堆四周及顶部每隔30~50厘米用尖木棒扎孔若干，以利于通气。⑤秸秆堆沤。用塑料布覆盖，防止水分蒸发和下雨淋湿，覆盖时在料堆底部距地面留10厘米空隙，以便于透气、透风。夏季的堆沤时间为3~4天，春秋季为4~5天，冬季为6天以上。冬天宜在料堆上加盖稻草进行保温。待堆垛内温度达到50℃以上后，维持3天。当堆垛内能看到一层白色菌丝，秸秆变软呈黑褐色时，堆料即可入池。

3. 混料入池

将堆沤好的秸秆趁热直接从天窗口加入，同时加入碳酸氢铵和接种物。为保证加入均匀，应先进一部分秸秆，再进一部分接种物，如此反复，直至进完为止。

4. 补水封池

补水（温水）至零压水位线处，并在沼气池内料堆上用长杆打孔若干，保证出气顺畅。选用水的优先顺序为沼液、粪水、坑塘水、河水、井水，pH值为6.5~7.5，且未受有毒物质污染。过于酸或过于碱的水应调节好酸碱度后再使用。调节方法：偏酸应加入草木灰或澄清的石灰水溶液。偏碱的情况不多见，可加醋酸进行调节。有条件的应将水晒热后加入沼气池中，以提高启动时的池温。值得注意的是，不要将含有洗涤液或消毒液的水倒入沼气池。最后用无杂质、沙石的黄黏土摔打揉熟后封池。

5. 点火试气

放气 2~3 天，把杂气排完，开始试火。若点不着，则应继续放气，直至点着。先用打火机在灶具上点试气（甲烷含量在 30% 上时，打火机能点着）。烧 1~2 天后，才能在灶具上打着火（甲烷含量在 55% 以上），正常用气，秸秆沼气启动成功。

6. 补充原料

对于以秸秆为主原料的沼气池，随着沼气的利用，秸秆会有一定消耗，沼气池运行中产气量出现较大波动时，应不间断地予以搅拌。一般在产气量不能维持每天正常使用时（4 个月以后），可适当补加一部分堆沤好的秸秆。具体方法：先出一部分渣料，把堆制时储存的预处理好的秸秆从进料口加入，每次加 50 千克，从出料口用沼液冲入进料口进行强回流，使秸秆与沼液充分混合，保证正常供气。补料时应坚持"先出后进，少量多次"的原则。出料应观察压力表指示变化情况，压力表指示接近"0"时停止出料，防止出现负压损坏池体。值得指出的是，养猪户不需要补料（主要是"一池三改"），无猪户适当补加料。

7. 大出渣料

在沼气池运行 6~8 个月后，池中秸秆消耗殆尽，需要大出渣料（结合农时）。以 8 米³ 沼气池为例，原料全部采用秸秆，每年最多需投料 2 次。尽量不要在温度低时大出料。在保证沼气池内无沼气残留的情况下，可将天窗盖打开，先用齿耙将上层部分耙出，然后用真空抽渣车直接吸出中部、底部相对较稀的部分。出料时，注意保留底部 1/3 的沼渣和沼液，留待下次进料作接种物使用。

8. 沼气池的温度及增/保温措施

常温发酵沼气池，温度越高沼气产量越大，因此应尽量设法使沼气池背风向阳。在冬季到来之前，为防止池温大幅度下降和沼气池冻坏，应在沼气池表面覆盖柴草、塑料膜或塑料大棚。"三结合"沼气池，要在畜圈上搭建保温棚，以防粪便冻结；农作物秸秆等堆沤时产生大量热量，正常运转期间可在池外大量堆沤秸秆，给沼气池进行保温和增温。采用覆盖法进行保温或增温，其覆盖面积都应大于沼气池的建筑面积，从沼气池壁向外延伸的长度应稍大于当地冻土层深度。

9. 注意事项

一是在沼气发酵启动过程中，试火应在燃气灶具上进行，禁止在导气管口试火。

二是沼气池在大换料及出料后维修时，要把所有盖口打开，使空气流通，在未通过动物试验证明池内确系安全时，不允许工作人员下池操作。

三是池内操作人员不得使用明火照明，不准在池内吸烟。

四是下池维修沼气池时不允许单人操作，下池人员要系安全绳，池上要有人监护，以防万一发生意外可以及时进行抢救。

五是沼气池进出料口要加盖。

六是输气管道、开关、接头等处要经常检修，防止输气管路漏气和堵塞。水压表要定期检查，确保水压表能够准确反映池内压力变化。要经常排放冷凝水收集器内的积水，以防管道发生水堵。

七是在沼气池活动盖密封的情况下，进出料的速度不宜过快，保证池内缓慢升压或降压。在沼气池日常进出料时，不得使用沼气燃烧器和有明火接近沼气池。

（二）规模化秸秆沼气工程

规模化秸秆沼气工程技术是指以农作物秸秆（玉米秸秆、小麦秸秆、水稻秸秆等）为主要发酵原料，单个厌氧发酵装置容积在 300 米³以上，生产沼气、沼渣和沼液的技术。其中，沼气可通过管道或压缩装罐作为优质清洁能源向农户供气，也可以发电或烧锅炉，或者净化提纯后并入天然气管网或作为车用燃气；沼渣、沼液经深加工可制成含腐植酸水溶肥、叶面肥或育苗基质等，应用于蔬菜、果树及粮食生产，可有效提高农产品品质和产量，减少化肥使用量，增加土壤有机质。

1. 秸秆储存

秸秆储存设施的容积应根据秸秆特性、收获次数、消耗量等因素确定，通常以秸秆收获周期内需要消耗的秸秆量进行设计和储存，以保证原料供应。自然堆放的秸秆含水量应小于18%，青贮秸秆含水量控制在65%~75%。

2. 秸秆预处理

秸秆原料的预处理有物理、化学和生物等方法。

（1）物理预处理。主要是利用机械、热等方法来改变秸秆的外部形态或内部组织结构，如机械剪切或破碎处理、蒸汽爆破、膨化等。

（2）化学预处理。使用酸、碱、有机溶剂等作用于秸秆，破坏细胞壁中半纤维素与木质素形成的共价键，破坏纤维素的结晶结构，打破木质素与纤维素的连接，达到提高秸秆消化率的目的，如酸处理、碱处理、氨处理和氧化还原试剂处理等。

（3）生物预处理。在人工控制下，利用一些细菌、真菌等微生物的发酵作用来处理秸秆，如青贮、白腐菌处理等。

3. 沼气生产

规模化秸秆沼气工程选用的工艺需根据原料特性及工艺特点，经技术经济分析比较后确定，要能适应两种或两种以上秸秆的物料特性及发酵要求。

4. 沼气净化与利用

沼气的净化一般包括脱水、脱硫和脱碳。选择净化方法时除了考虑成本外还应尽量考虑日常运行管理。目前大多数沼气工程采用的脱硫方法为化学干法脱硫（氧化铁脱硫法）和生物脱硫。沼气提纯主要是进行脱碳净化，即通过分离沼气中的二氧化碳来提高甲烷含量，此外还需脱除沼气中的硫化氢和水分，使之满足最终使用要求。沼气脱碳技术多源于天然气、合成氨变换气脱碳技术，包括物理吸收法、化学吸收法、变压吸附法、膜分离法和低温分离法等。

5. 注意事项

（1）消防系统。场区消防系统应设计成环状管网，同时管网应与工程所在地消防系统及市政给水管网相接。在工程区域内应设置至少2座室外地下式消火栓。室内宜设置手提式干粉灭火器。

（2）危险物料的安全控制。大中型秸秆沼气工程设计为密闭系统，使秸秆等可燃物料和沼气等易燃易爆气体处于密闭的设备和管道中，各个生产环节的连接处采用可靠的密封措施。秸秆等可燃物堆放场所的消防车道应保持畅通，消防工具应完备有效，周围地区严禁烟火；在沼气等易燃气体易聚集的场所，需设置可燃气体浓度报警器，并将报警信号送至控制室。

（3）建筑（构）物防雷。建筑（构）物为第二类防雷建筑物，建筑物的防雷装置应满足防直击雷、防雷电感应及雷电波的侵入，并设置总等电位联结。在厌氧发酵装置、楼房顶部均应作避雷带，凡突出屋面的所有金属构件均应与避雷带可靠焊接。

（4）应急疏散与火灾报警。建筑物各走道、门厅、楼梯口均应设置疏散用应急照明，在疏散走道、门厅及消防控制室、消防泵房等应设置疏散标志灯，在建筑物通向室外的正常出口和应急出口等均应设置出口标志灯。根据项目实际情况设置火灾报警和联动控制系统，覆盖整个项目区域。火灾报警电话：119。

四、秸秆制取酒精技术

利用秸秆制取酒精是指以农作物秸秆为原料，经过物理或化学预处理，利用酸解或酶解方法将秸秆中的纤维素和半纤维素降解为单糖，再经过发酵和脱水制取酒精。概括来说，分为预处理、水解、发酵和脱水4个步骤。

（一）预处理

秸秆中的纤维素被难以降解的木质素所包裹，未经预处理的植物纤维原料的天然结构具有许多物理和化学的屏障作用，阻碍纤维素酶接近纤维素表面，使纤维素酶难以发挥作用，所以纤维素直接酶水解的效率很低。因此，需要采取预处理措施，除去木质素、溶解半纤维素或破坏纤维素的晶体结构，以便于纤维素酶的作用。目前，纤维素原料的预处理方法有很多，包括物理法、化学法、生物法以及以上几种方法的联合作用。

1. 物理法

主要通过切短、研磨等工艺使生物质的颗粒变小，增加其表面积，使与纤维素酶的接触面积变大，同时破坏纤维素的晶体结构。切短后原料长度通常为 10 ~ 30 毫米，碾磨后原料长度为 0.2 ~ 2.0 毫米。机械粉碎需要的动力消耗由农林业废弃物原料的性质和最终研磨的粒度决定。物理法预处理需要较多能量，预处理成本高，而且水解得率低。

2. 化学法

用酸、碱或有机溶剂进行处理。稀酸预处理与酸水解相似，通过将原料中的半纤维素水解为单糖，达到使原料结构疏松的目的。水解得到的糖液也可用作发酵。对于软木的预处理，可采用两级稀酸预处理方法，减少单糖的分解和有害杂质的产生。

碱处理是利用木质素能溶解于碱性溶液的特点，用稀氢氧化钠或氨溶液处理纤维素，破坏木质素结构，便于酶水解进行。近年来，人们较为重视使用氨溶液处理的方法，通过加热可容易地将氨气回收后循环使用。

化学法预处理的不利因素是处理后的原料在产酶或酶解前需用酸或碱中和，产酶时间较长。

3. 生物法

在生物预处理法中，褐腐菌、白腐菌和软腐菌等微生物被用来降解木质素和半纤维素。褐腐菌主要攻击纤维素，白腐菌和软腐菌攻击纤维素和木质素。生物预处理法中最有效的白腐菌是担子菌类。生物预处理的优点是能耗低，所需环境条件温和。但是生物预处理后水解得率很低。利用白腐菌预处理的一个主要缺点是白腐菌在除去木质素的同时，分解消耗部分纤维素和半纤维素。

4. 联合法

包括蒸汽爆破、氨纤维素爆破和二氧化碳爆破等。

蒸汽爆破法是常用的木质纤维原料预处理方法，适合于植物纤维原料的预处理。其主要工艺：首先用蒸汽将纤维素加热到200~240℃，并维持 20 分钟左右，在高温和高压的作用下，使木质素发生软化；然后迅速打开阀门减压，造成纤维素晶体和纤维束爆裂，使木质素和纤维素分离。该方法由于高温引起半纤维素降解，木质素转化，使纤维素溶解性增加。蒸汽爆破法预处理的杨木片酶法水解效率可达 90%，而未经预处理的杨木片水解效率仅为 15%。

氨纤维素爆破与蒸汽爆破的原理相似，液体氨在高温（90~95℃）和高压的条件下与纤维素发生反应，维持 20~30 分钟，然后迅速减压，造成纤维素晶体的爆裂。1 千克纤维素（干物料）需用 1~2 千克氨，一般需将氨回收循环使用。氨纤维素爆破预处理可以显著提高各种草本植物的多糖得率，可以用来处理麦草、麦糠、大麦草、玉米秸秆、水稻秸秆、城市固体废料、针叶木新闻纸、红麻新闻纸、杨木片和甘蔗渣等纤维原料。

二氧化碳爆破与上述两种方法类似，只是用二氧化碳替代氨，但效果较前者差。

（二）水解

秸秆预处理后，需对其进行水解，使其转化成可发酵性糖。水解可破坏纤维素和半纤维素中的氢键，将其降解成可发酵性糖：戊糖和己糖。纤维素水解只有在催化剂存在的情况下才能显著进行。常用的催化剂是无机酸和纤维素酶，由此分别形成了酸水解工艺和酶水解工艺。

1. 酸水解

纤维素的结构单位是 D-葡萄糖，是无分支的链状分子，结构单位之间以糖苷键结合而成长链。

纤维素分子中的化学键在酸性条件下是不稳定的。在酸性水溶液中纤维素的化学键断裂，聚合度下降，其完全水解产物是葡萄糖。纤维素酸水解的发展已经经历了较长时间，水解中常用无机酸（硫酸或盐酸），可分为稀酸水解和浓酸水解。稀酸水解要求在高温和高压条件下进行，反应时间几秒或几分钟，在连续生产中应用较多；浓酸水解相应地要在较低的温度和压力条件下进行，反应时间比稀酸水解长得多。由于浓酸水解中的酸难以回收，目前主要采用的是稀酸水解。

2. 酶水解

自然界中存在许多细菌、霉菌和放线菌以纤维素作为碳和能量的来源。它们能产生纤维素酶，将纤维素分解为单糖，但在自然条件下微生物分解纤维素的速度很慢。

目前最成功生产纤维素酶的菌株来自木霉、曲霉、青霉、裂褐菌等，其中研究最多的是木霉。绿色木霉通过多次诱变可以得到高效的纤维素酶。随着基因技术的发展，对纤维素酶及其菌株的研究也发展到基因层面上。例如，国外使用基因技术将纤维素酶基因克隆到细菌、酵母、霉菌甚至植物中，以便在新酶生产中改进酶的产量和提高酶的活力。

（三）发酵

从葡萄糖转化成酒精的生化过程非常简单，通过传统的酒精酵母，使反应在30℃条件下进行。半纤维素是农作物秸秆的主要组成部分，其水解产物为以木糖为主的五碳糖，还有相当数量的阿拉伯糖生成，故五碳糖的发酵效率是决定过程经济性的重要因素。目前，主要的发酵方法有以下5种。

1. 直接发酵法

该方法是基于纤维分解细菌直接发酵纤维素生产酒精，不需要经过酸水解或酶水解等前处理过程。该方法一般利用混合菌直接发酵，例如，热纤梭菌可以分解纤维素，但酒精产率较低（50%），热硫化氢梭菌不能利用纤维素，但酒精产率相当高，进行混合发酵时产率可达70%。

2. 间接发酵法

该方法首先用纤维素酶水解纤维素，酶解后的糖液作为发酵碳源。

3. 五碳糖的发酵

半纤维素一般占木质原料的10%～40%，比较容易水解，产物是以木糖为主的五碳糖，农作物废弃物水解时还生成相当数量的阿拉伯糖（可占五碳糖的10%～20%），一般酵母菌除了可以发酵葡萄糖外，还可以发酵半乳糖和甘露糖，但不能发酵阿拉伯糖。

目前已经筛选出不少适用于木酮糖发酵的酵母，并得到了较高的酒精产率（每克木糖产 0.41~0.49 克酒精）。

4. 同时糖化和发酵工艺

同时糖化和发酵工艺是指把经预处理的生物质、纤维素酶和发酵用微生物加入一个发酵罐内，使酶水解和发酵在同一装置内完成，也可用几个发酵罐串联生产。目前，它已经成为最有前途的生物质制取酒精的工艺。

5. 固定化细胞发酵

固定化细胞发酵能使发酵罐内细胞浓度提高，细胞可连续使用，使最终发酵酒精的浓度得以提高。常用的载体有海藻酸钠、卡拉胶、多孔玻璃等。固定化细胞的新动向是混合固定细胞发酵，如酵母与纤维二糖酶一起固定化，将纤维二糖基质转化成乙醇。此法被认为是秸秆生产酒精的重要方法。

（四）脱水

经过预处理和发酵后得到的酒精，浓度不符合燃料酒精的要求，应用价值不高，后续还需脱水，这也是生产燃料酒精的关键技术之一。一般情况下，将发酵液中的酒精制成无水酒精所需能耗要占到整个燃料酒精生产过程的 50%~80%。目前，脱水的方法主要有以下 3 种。

1. 精馏法

由于酒精与水存在着共沸点，采用普通精馏法无法得到 99% 以上的无水酒精。传统的较成熟的精馏法如恒沸精馏或萃取精馏脱水效果较好，即往酒精-水混合物中加入第三组分，以改变体系中酒精和水的相对挥发度，例如，以苯、环己烷等作为恒沸剂。以乙二醇作为萃取剂等。这些方法处理量大，生产稳定，运行周期长，但能耗较高。

2. 渗透汽化法

渗透汽化法是一种膜分离方法，利用膜对液体混合物中各组分溶解扩散性能的不同而实现分离。渗透汽化分离膜一侧接触液体混合物，另一侧通常抽成真空，使透过物汽化后冷凝收集，或者采用惰性气体将透过物带走。

3. 变压吸附脱水法

利用吸附剂对混合物中不同组分的选择性吸附来制备无水酒精，具有吸附好、能耗低、使用和再生温度低、价格便宜等优点。常用的吸附剂有分子筛、活性炭、生石灰、硅胶、氧化铝等。这些吸附剂对水的吸附性很强，对酒精的吸附力很弱。

五、秸秆热解气化技术

秸秆热解气化是指秸秆原料在缺氧状态下发生热化学反应转化为气体燃料的能量转换过程。秸秆是由碳、氢、氧等元素组成的，当秸秆原料在气化炉中燃烧时，随着温度的升高，燃烧秸秆经历干燥、裂解反应、氧化反应、还原反应 4 个阶段。秸秆燃气经冷却、除尘、除焦等处理后，可供民用炊事、取暖、发电等使用。

（一）秸秆热解气化技术类型

按照气化剂的种类，可以将秸秆热解气化技术分为干馏气化、空气气化、氧气气化、水蒸气气化、水蒸气-空气气化和氢气气化等。

1. 干馏气化

属热解气化的一种特例，是指在缺氧或少量供氧的情况下，秸秆进行干馏的过程（包括木材干馏）。主要产物为醋酸、甲醇、木焦油、木馏油、木炭和可燃气。可燃气的主要成分是二氧化碳、一氧化碳、甲烷、乙烯和氢气等，其产量和组成与热解温度和加热速率有关。燃气的热值为 15 兆焦/米^3，属中热值燃气。

2. 空气气化

以空气作为气化剂的气化过程。空气中氧气与秸秆中可燃组分发生氧化反应，提供气化过程中其他反应所需的热量，并不需要额外提供热量。由于空气随处可得，不需要消费额外能源进行生产，所以它是一种极为普遍、经济、设备简单且容易实现的气化形式。

3. 氧气气化

以纯氧作为气化剂的气化过程。在反应过程中严格地控制氧气供给量，既可保证气化反应所需的热量，不需要额外的热源，又可避免氧化反应生成过量的二氧化碳。同空气气化相比，由于没有氮气参与，提高了反应温度和反应速度，缩小了反应空间，提高了热效率。同时，秸秆燃气的热值可提高到 15 兆焦/米^3，属于中热值燃气，与城市煤气相当。但是，生产纯氧需要耗费大量的能源，故该项技术不适于在小型的气化系统使用。

4. 水蒸气气化

以水蒸气作为气化剂的气化过程。在气化过程中，水蒸气与碳发生还原反应，生成一氧化碳和氢气，同时一氧化碳与水蒸气发生变换反应和各种甲烷化反应。典型的秸秆燃气产物中氢气和甲烷的含量较高，燃气的热值可达到 17~21 兆焦/米^3，属于中热值燃气。水蒸气气化的主要反应是吸热反应，因此需要额外的热源，但是反应温度不能过高。该项技术比较复杂，不易控制和操作。

5. 水蒸气–空气气化

主要用来克服空气气化产物热值低的缺点。从理论上讲，水蒸气–空气气化比单独使用空气或水蒸气作为气化剂的方式优越，因为减少了空气的供给量，并生成更多的氢气和碳氢化合物，提高了燃气的热值。此外，空气与秸秆的氧化反应，可提供其他反应所需的热量，不需要外加热系统。

6. 氢气气化

以氢气作为气化剂的气化过程。主要气化反应是氢气与固定

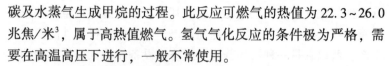

碳及水蒸气生成甲烷的过程。此反应可燃气的热值为 22.3~26.0 兆焦/米³，属于高热值燃气。氢气气化反应的条件极为严格，需要在高温高压下进行，一般不常使用。

（二）秸秆热解气化设备

秸秆热解气化反应发生在气化炉中，气化炉是气化反应的主要设备。在气化炉中，秸秆完成气化反应过程，转化为秸秆燃气。按照其运行方式，可将气化炉分为固定床气化炉和流化床气化炉。

1. 固定床气化炉

固定床气化炉的气化反应一般发生在一个相对静止的床层中，生物质依次完成干燥、热解、氧化反应和还原反应。根据气流运动的方向，固定床气化炉又可分为下吸式、上吸式和横吸式。

2. 流化床气化炉

流化床气化炉多选用惰性材料（如石英砂）作为流化介质，首先使用辅助燃料（如燃油或天然气）将床料加热，然后秸秆进入流化床与气化剂进行气化反应，产生的焦油也可在流化床内分解。流化床原料的颗粒度较小，以便气、固两相充分接触反应，反应速度迅速，气化效率高。流化床气化炉又可分为鼓泡床气化炉、循环流化床气化炉、双床气化炉和携带床气化炉。

（三）秸秆燃气

秸秆燃气是由若干可燃成分（一氧化碳、氢气、甲烷、硫化氢等）、不可燃成分（二氧化碳、氮气、氧气等）以及水蒸气组成的混合气体，易于运输和储存，提高了燃料的品质。

1. 秸秆燃气的净化

气化炉出来的可燃气（称为粗燃气）中含有一定的杂质，不能直接使用，需要对粗燃气进行进一步的净化处理，使之符合有关燃气的质量标准。粗燃气中的杂质是复杂和多样的，一般可分为固体杂质和液体杂质。固体杂质包括灰分、细小的炭颗粒等，液体杂质包括焦油、水分等。针对秸秆燃气中杂质的多样性，需要采用多种设备组成一个完整的净化系统，进行冷却及清除灰分、炭颗粒、水分和焦油等杂质。

2. 除焦油技术

在秸秆气化过程中，无法避免地要产生焦油。焦油的成分非常复杂，大部分是苯的衍生物及多环芳烃，含量大于5%的成分有萘、甲苯、二甲苯、苯乙烯、酚和茚等，在高温下呈气态，当温度降低至200℃时凝结为液态。焦油的存在影响了燃气的利用，降低了气化效率，并且容易堵塞输气管道和阀门，腐蚀金属，影响系统的正常使用，因此，应当去除。去除秸秆燃气中焦油的主要技术有水洗、过滤、静电除焦和催化裂解。

（四）秸秆气化集中供气系统

秸秆燃气是一种高品质的能源，可以暂时储存起来，需要使用时通过输气管网送至最终用户。我国在20世纪90年代发展起来一项供气技术——秸秆气化集中供气系统。它是以农村量大面广的各种秸秆为原料，向农村用户供应燃气，应用于炊事，改善农民原有以薪柴为主的能源消费结构。

1. 集中供气系统

集中供气系统的基本模式：以自然村为单元，系统规模为数十户至数百户，设置气化站（储气柜设在气化站内），铺设管网，通过管网输送和分配秸秆燃气到用户的家中。

集中供气系统包括原料前处理装置（切碎机）、上料装置、气化炉、净化装置、风机、储气柜、安全装置、管网和用户燃气系统等设备。

秸秆类原料首先用切碎机进行前处理，然后通过上料机送入气化炉中。秸秆在气化炉中发生气化反应，产生粗燃气，由净化系统去除其中的灰分、炭颗粒、焦油和水分等杂质，并冷却至室温。经净化的秸秆燃气通过燃气输送机被送至储气柜，储气柜的作用是储存一定容量的秸秆燃气，以便调整炊事高峰时用气，并保持恒定压力，使用户燃气灶稳定地进行工作。气化炉、净化装置和燃气输送机统称为气化机组。储气柜中秸秆燃气通过管网分配到各家各户，管网由埋于地下的主干及支管路组成，为保证管网安全稳定的运行，需要安装阀门、阻火器和集水器等附属设备。用户的燃气系统包括室内燃气管道、阀门、燃气计量表和燃气灶，因秸秆燃气的特性不同，需配备专用的燃气灶具。用户如果有炊事的需求，只要打开阀门，点燃燃气灶就可以方便地使用清洁能源，最终完成秸秆能转化和利用过程。

2. 秸秆气化集中供气系统主要设备

主要设备包括粉碎机、加料机、气化炉、旋风除尘器、洗涤塔、真空泵、净化分离器、储气柜、管网等。

（1）粉碎机、加料机。粉碎机和加料机分别为粉碎物料和对气化炉进行加料时使用的设备。

（2）气化炉。气化炉是将秸秆原料通过热裂解还原反应产生燃气的设备。

（3）旋风除尘器。采用普通切向式旋风分离进行除尘。

（4）洗涤塔。洗涤塔是采用雾化喷淋装置对燃气进行冷却、除焦油、灰分的设备。进行雾化喷淋的水循环使用。燃气通过冷凝，焦油及灰分与雾化喷淋水凝结，顺着管壁、板壁流下，从溢流口溢出，通过地沟流入循环池。

（5）真空泵。真空泵为系统动力源，采用水环式真空泵为燃气提供动力。

（6）净化分离器。净化分离器是进一步对燃气净化，除焦油、灰分的设备。

（7）储气柜。储气柜可根据用户的条件和要求，选用湿式或干式储气柜，根据储气柜材料其又可分为气袋式和钢柜式（全钢柜和半钢柜）。

（8）管网。秸秆燃气输送至用户，可采用水、煤气钢管和MDPE管等，户内使用镀锌管，并配专用燃气表、燃气灶。

3. 秸秆气化集中供气系统注意问题

一是防止一氧化碳中毒。气化集中供气用户以农民为主，对此更应给予足够的重视。二是防止二次污染。粗燃气含有焦油等有害杂质，在采用水洗法净化过程中会产生大量含有焦油的废水，如果随意倾倒，就会造成对周围土壤和地下水的局部污染。如何处理好这些污染物，不使这些污染物对环境造成更为严重的二次污染，是秸秆气化集中供气系统所面临的突出问题。三是减少燃气中的焦油含量。由于系统的规模较小，秸秆燃气中的焦油净化得并不完全，已净化燃气中焦油含量比较高，这在实际使用过程中给系统的长期稳定运行和用户带来了一定的困扰。

第四章 农业生产资料废弃物利用技术

第一节 废旧农膜的利用技术

一、农膜对环境的危害

农膜，又称农用薄膜或农用塑料薄膜，是现代农牧业生产中一种重要的生产资料，它不仅能提高农作物单产和劳动生产效率，缩短作物的生长时间，改变作物的生长季节，便于作物在非传统种植地区的栽培，而且也为动物饲料和农产品提供了新的储藏或流通方法，被称为农业技术的一次"白色革命"。随着农膜的用量与日俱增，大量的废弃农膜散落在田间地头，不同程度地已经和正在形成"白色污染"。

残留农膜（以下简称"残膜"）对环境的危害主要表现为以下4个方面。

（一）对土壤环境的危害

土壤中的残膜碎片可改变或切断土壤孔隙连续性，致使重力水移动时产生较大的阻力，重力水向下移动较为缓慢，从而使水分渗透量随农膜残留量的增加而减少，土壤含水量的下降，削弱了耕地的抗旱能力。残膜甚至导致地下水难下渗，引起土壤次生盐碱化等严重后果。另外，残膜影响土壤物理性状，抑制作物生长发育。农膜材料的主要成分是高分子化合物，在自然条件下这些高聚物难以分解，若长期滞留在土壤中，会影响土壤的透气性，阻碍土壤水肥的移运，影响土壤微生物活动和正常土壤结构的形成，最终降低土壤肥力水平，影响作物根系的生长发育，导致作物减产。

（二）对农作物的危害

残膜影响和破坏了土壤理化性状，必然造成作物根系生长发育困难，影响其正常吸收水分和养分；作物株间施肥时，如被有大块残膜隔离则影响肥效，致使产量下降。

（三）对农村环境景观的影响

由于回收残膜的局限性，加上处理回收残膜方法欠妥，部分清理出的残膜被弃于田边地头，大风刮过后，残膜被吹至家前屋后、田间、树梢，影响农村环境景观，造成"视觉污染"。

（四）对牲畜的危害

地面露头的残膜与牧草收在一起，牛羊误吃残膜后，食道被阻隔，消化受到影响，甚至发生死亡。

二、农膜管理规定

2020 年 9 月 1 号施行的《农用薄膜管理办法》，对农用薄膜生产、销售、使用环节都提出了具体要求。

一是生产者应当执行农用薄膜相关标准，在产品上添加企业标识，标明推荐使用时间，建立出厂销售记录制度。

二是销售者应当依法查验农用薄膜产品的包装、标签、质量检验合格证，不得采购和销售未达到强制性国家标准的农用薄膜，不得将非农用薄膜销售给农用薄膜使用者，依法建立销售台账。

三是使用者应当按照产品标签标注的期限使用农用薄膜，农业生产企业、农民专业合作社等使用者应当依法建立农用薄膜使用记录。

三、农膜回收责任的规定

为落实不同主体的回收责任，《农用薄膜管理办法》规定，使用者应当在使用期限到期前捡拾田间的非全生物降解农用薄膜废弃物，交至回收网点或回收工作者，不得随意弃置、掩埋或者焚烧；农用薄膜生产者、销售者、回收网点、废旧农用薄膜回收再利用企业或其他组织等应当开展合作，采取多种方式，建立健全农用薄膜回收利用体系，推动废旧农用薄膜回收、处理和再利用。

四、农膜回收利用的支持政策

为激励各方参与农用薄膜回收，完善回收利用的措施，《农用薄膜管理办法》提出，一是鼓励研发、推广农用薄膜回收技术与机械；二是鼓励和支持生产、使用全生物降解农用薄膜；三是支持废旧农用薄膜再利用企业按照规定享受用地、用电、用水、信贷、税收等优惠政策，扶持从事废旧农用薄膜再利用的社会化服务组织和企业。

五、废旧农膜的利用技术

（一）废旧农膜能源化技术

废旧农膜能源化技术主要是通过高温催化裂解，把废旧农膜转化为低分子量的聚合单体如柴油、汽油、燃料气、石蜡等。该法不仅可以处理收集的废旧农膜，而且可以获得一定数量的新能源。目前，中国石化集团公司组织开发的废旧塑料回收再生利用技术已通过鉴定，这项技术可把废旧农膜、棚膜再生为油品、石蜡、建筑材料等，既解决了环境保护问题，又提高了可再生资源的利用率和经济效益。在连续生产的情况下，把废弃农膜经催化裂解制成燃料的技术设备日处理废旧农膜的能力强，出油率可达40%~80%，汽油、柴油转化率高，符合车用燃油的标准和环境排放标准。

另一种废旧农膜能源化技术是利用其燃烧产生的热能。这方面的技术研究主要集中在废旧农膜早期处理设备、后期焚烧设备和热能转化利用设备等方面。焚烧省去了繁杂的前期分离工作，然而，由于设备投资高、成本高、易造成大气污染，因此，目前该方法仅限于发达国家和我国局部地区。

（二）废旧农膜材料化技术

在我国，废旧农膜回收后主要用于造粒。废旧农膜加工成颗粒后，只是改变了其外观形状，并没有改变其化学特性，依然具有良好的综合材料性能，可满足吹膜、拉丝、拉管、注塑、挤压型材等技术要求，被大量应用于生产塑料制品。我国有许多中小型企业从事废旧农膜的回收造粒，生产出的粒子作为原料供给各塑料制品公司，用来再生产农膜或用于制造化肥包装袋、垃圾袋、栅栏、树木支撑、盆、桶、垃圾箱、土工材料、农用水管、鞋底等包装薄膜。

废旧农膜回收后还可以生产出一种类似木材的塑料制品。这种塑料制品可像普通木材一样用锯子锯，用钉子钉，用钻头钻，加工成各种用品。据测算，这种再生木材的使用寿命在50年以上，可以取代化学处理的木材。这种木材不怕潮、耐腐蚀，特别适合在有流水、潮湿和有腐蚀性介质的地方（如公园长椅、船坞组件等）代替木材制品。

废旧农膜的回收、加工利用可以变废为宝、化害为利，达到消除污染、净化田间的目的。废旧农膜的回收、加工利用是农膜新技术带来的新产业，原料充足，产品销路广，经济效益高，具有较为广阔的发展前景。

（三）填埋再回收加工

废旧农膜经过长期风吹日晒会老化，导致机械化回收时产生许多的碎片，同时在作物收获时叶片干枯易碎，秸秆、根茬等植物残体也会落在田地里。农户可采用直接填埋的方式进行处理，在填埋过程中喷洒菌剂加速植物残体的分解。掩埋一定时间后，植物残体会腐败分解，而聚乙烯材料难以降解，此时农户可利用滚筒筛快速对农膜进行回收。企业将分离得到的废旧农膜进行加工，同时植物残体在土壤中分解可提高土壤肥力。

【典型案例】

甘肃省张掖市高台县：构建废旧农膜
循环利用体系，治理农田"白色污染"

一、基本情况

高台县位于河西走廊中部、黑河中游下段，常年农作物播种面积 59 万亩，覆膜面积约 40 万亩，地膜用量 2 200 吨。近年来，高台县按照"减量化、再利用、再循环"的思路，加快构建"农户捡拾交售、网点分散收集、企业加工利用"的废旧农膜回收利用体系，实现农膜"使用—回收—加工—再利用"的良性循环。

二、主要做法

（一）制定扶持政策

坚持绿色导向，连续 5 年将废旧农膜回收利用工作列入县委一号文件，出台扶持政策，紧盯春播秋耕关键期，鼓励群众主动捡拾交售残膜，企业积极拉运加工地膜，确保残膜离田到点、拉运到企、加工再利用。

（二）健全回收体系

依托废旧地膜回收示范县、山水林田湖草等项目，筛选确定废旧农膜回收企业，按照就近便利原则，扶持建设回收网点，通过一镇一企、签订协议、划片回收、严实考核、据量补贴等有效措施，构建政府引导、企业主体、农户参与、市场化推进、全域覆盖的废旧农膜捡拾、收购、加工运作体系。

（三）强化科技支撑

依托项目建设，加大全生物可降解地膜、地膜捡拾机等新材料、新机具的引进示范推广。鼓励加工企业创新研发，拓展延伸产品加工链，由颗粒向井盖井圈、菜篮子等高附加值产品升级。

（四）夯实工作责任

县检察院加大政府部门履行《中华人民共和国土壤污染防治法》职责监督，通过检察建议书提高政府部门履职尽责能力。县镇成立废旧农膜回收利用工作领导小组，把农膜回收作为改善农村人居环境的一项重要指标纳入年度考核范围，以奖促治，推动工作责任落实。

（五）加强监督管理

加强部门协作，常态化开展农膜经销市场巡查监管，严禁生产、流通、使用超薄农膜、劣质农膜。统一印制废旧农膜回收和兑换票据台账，站点依据农户交售量建立收购台账，出具回收票据。镇上依据回收票据给农户兑换新膜，并建立兑换台账。依据各镇回收量配发新膜，根据考核结果对回收企业及站点进行奖补。

（六）探索挂钩机制

开展废旧农膜回收区域补偿制度试点，制订印发试点方案，成立工作领导小组，确定专人负责试点工作的推进落实。创新工作流程，结合上年度农户种植地块农膜捡拾交售情况，分批审核发放下年度耕地地力保护补贴，探索耕地地力保护补贴发放与农膜回收挂钩新机制。

三、工作成效

自 2017 年起，通过争取实施废旧地膜回收利用示范县等项目，出台了扶持政策，健全了废旧农膜回收利用网络体系，扩大了地膜"以旧换新"规模，农户、企业参与的热情不断高涨，地膜捡拾交售率持续攀升。2021 年，全县回收废旧地膜 1 383 吨，占使用总量（1 660 吨）的 83.3%，试点镇回收率达到 85.5%，高出全县 2.2 个百分点。

资料来源：中国农村网

第二节　农药包装废弃物的回收处理技术

一、农药包装废弃物的概念

农药包装废弃物是指农药使用后被废弃的与农药直接接触或含有农药残余物的包装物，包括瓶、罐、桶、袋等。

农药包装废弃物危害生态环境和公众健康，是农村固废污染、土壤污染、面源污染的重要来源和治理难点。针对上述问题，《农药包装废弃物回收处理管理办法》已于 2020 年 7 月 31 日经农业农村部第 11 次常务会议审议通过，并经生态环境部同意，自 2020 年 10 月 1 日起施行。

二、丢弃农药包装废弃物的危害

农药包装废弃物中残留的农药成分，进入土壤、水体、大气中，不仅污染生态环境，还会迁移到农产品等食物链中，危害人畜安全。同时，农药包装废弃物在自然环境中难以降解，散落于田间地头、沟渠河道等地，影响农业生产环境。

三、农药包装废弃物的回收规定

县级以上地方人民政府农业农村主管部门应当调查监测本行政区域内农药包装废弃物产生情况，指导建立农药包装废弃物回收体系，合理布设县、乡、村农药包装废弃物回收站（点），明确管理责任。

农药生产者、经营者应当按照"谁生产、经营，谁回收"的原则，履行相应的农药包装废弃物回收义务。农药生产者、经营者应当采取有效措施，引导农药使用者及时交回农药包装废弃物。

农药使用者应当及时收集农药包装废弃物并交回农药经营者或农药包装废弃物回收站（点），不得随意丢弃。鼓励有条件的地方，探索建立检查员等农药包装废弃物清洗审验机制。

农药经营者和农药包装废弃物回收站（点）应当建立农药包装废弃物回收台账，记录农药包装废弃物的数量和去向信息。回收台账应当保存两年以上。

农药生产者应当改进农药包装，便于清洗和回收。国家鼓励农药生产者使用易资源化利用和易处置的包装物、水溶性高分子包装物或者在环境中可降解的包装物，逐步淘汰铝箔包装物。鼓励使用便于回收的大容量包装物。

四、农药包装废弃物的处理规定

农药经营者和农药包装废弃物回收站（点）应当加强相关设施设备、场所的管理和维护，对收集的农药包装废弃物进行妥善储存，不得擅自倾倒、堆放、遗撒农药包装废弃物。

运输农药包装废弃物应当采取防止污染环境的措施，不得丢弃、遗撒农药包装废弃物，运输工具应当满足防雨、防渗漏、防遗撒要求。

国家鼓励和支持对农药包装废弃物进行资源化利用；资源化利用以外的，应当依法依规进行填埋、焚烧等无害化处置。资源化利用不得用于制造餐饮用具、儿童玩具等产品，防止危害人体健康。

农药包装废弃物处理费用由相应的农药生产者和经营者承担；农药生产者、经营者不明确的，处理费用由所在地的县级人民政府财政列支。

五、农药包装废弃物回收处置技术

农药包装废弃物回收处置技术，既对农药面源污染进行了有效治理，又做到了将农药包装废弃物变废为宝、资源化利用。其主要技术要点如下。

（一）集中配药服务站

一个完整的集中配药服务站由 4 部分组成：农药残液无害化处理系统、集液洗瓶机、加药机和废弃包装临时存储仓库。集中配药服务站可承担农药精准配制、废弃包装物清洗和回收、农药残液无害化处理等多项任务，整个集中配药服务站形成一个完整的农药污染处理系统。集中配药解决了农户分散配药浓度不准、超量用药的问题，并实现了药瓶集中回收；集中配药过程中对药瓶的多次清洗，减少农药浪费的同时也大大降低了废弃包装物中的农药残存量。机车作业后药罐内的残液，通过配药站的残液生物降解系统，实现无害化处理，有效避免随意倾倒农药残液造成的环境污染。

（二）农药包装废弃物的回收、临储及转运

1. 回收

采取政府补贴方式，在打药机车上装配简易药瓶冲洗器，宣传指导农药使用者，在农药配制过程中3次清洗药瓶，减少、清除农药包装废弃物内的残留农药，并对包装废弃物进行回收，最好做到铝箔袋、塑料瓶、玻璃瓶的分类回收。

2. 临储

县、乡、村分别设立有防扬散、防流失、防渗漏等措施的专门场所或容器，在醒目位置设置有害垃圾标识。回收的农药包装废弃物临时储存在各临储点，严禁露天存放。同时，危险特性不相容的农药包装废弃物不能混合储存，并需要远离水源和热源。

3. 转运

按照生态环境部门的规定，农药包装废弃物转运至专业处置企业前需要办理危险废物转运手续。转运前，应将农药包装废弃物进行压块处理。运输工具应当完全满足环保标准，避免造成后续污染。

（三）资源化利用

1. 分拣

把农药瓶标签撕下，瓶子和瓶盖分别归类，不同颜色瓶子再分类，以保持瓶片色泽一致。

2. 破碎

将瓶体破碎，便于洗净农药残留物及残余标签。

3. 清洗

在90℃高温下，通过高温碱煮，将瓶片沾染的农药分解，使附着物与瓶片脱离。之后通过水溶液的二级搓洗，充分剥离残留农药和附着物。

4. 漂洗

化学清洗和二级搓洗后的瓶体，再经过二级水漂洗，进一步去除残余碱液、附着物和残余标签等杂质，使瓶片清洁无毒。

5. 干燥

清洗干净的瓶片，经过离心后通过沸腾床，在热风下，将瓶片水分降至3%以下。

6. 再利用

粗加工制成塑料颗粒，用于制造农药包装、地下管道等。

7. 废水废气废渣的环保处理

（1）废水。各处置流程产生的废水，经沉淀池沉降，上层废水经过生化处理后，再回到用于破碎、清洗的流程，循环利用，不外排。

（2）废气。各处置流程中散发的挥发性气体，通过气味收集、处理系统，无害化处理达标后排放。

（3）废渣。沉淀池沉淀的废渣，以及分拣过程中撕下的标签、其他杂物，作为危险废弃物，转交有资质单位处理。

【典型案例】

四川省眉山市青神县：创新"333"管理模式
高效回收处置农药包装废弃物

一、基本情况

青神县位于成都平原西南部，北接东坡区，南邻乐山，西望峨眉，总面积386.8平方千米。近年来，青神县抢抓全国农药包装废弃物回收处置试点县机遇，创新"333"农资管理模式，构建数字化管理平台，实现农药包装废弃物高效回收利用，让绿色成为农业高质量发展底色。

二、主要做法

（一）"三方主体"协同攻坚，破除"上热中温下冷"顽疾

坚持全盘谋划、分源施策，构建部门协调、群众参与、推动督导的集中收集处置方式。强化政府引导。印发《青神县农药包装废弃物回收处置工作实施方案》，细化量化任务。激发群众参与活力。坚持教育引导常态化，举办农药包装废弃物回收专题培训班两期，印发口袋书6 000册，组织全县农资经销商学习法律法规、农技知识，营造良好氛围。落实市场主体责任。严格按照《农药管理条例》等相关规定，压点升级淘汰农药经销店铺41家，建立农药入库、销售、回收3本台账，实现销售、回收、监管的高效管理。

（二）"三项机制"闭环管理，下好"管好谁、谁来干"先手棋

制定十二分制农资管理办法，推广农药包装废弃物积分制、有偿制、押金制市场化回收模式，实现回收处置全覆盖。创新押金制约束使用端。全覆盖安装农药包装押金收退终端电子信息平台，按照"一品一码"的要求为每一瓶农药建好电子身份，实现押金收退流程规范化和监管全程化。推行积分制管好销售端。出台十二分制农资管理办法，制发《青神县农资经营监管扣分细则》，细化农资经营门店管理、销售管理等5个方面23项扣分标准，由执法大队开展日常执法督导检查。实行有偿制激励回收端。制定《农业废弃物资源化利用回收管理办法》，通过政府采购确定专业公司开展回收处置，对农业经营主体按照1.4元/千克有偿回收。

（三）"三大功能"全程管控，精准打造"千里眼、顺风耳"

强化全程可回溯监管功能。对区域内的农药销售单位铺设整

合农药销售、押金回收、押金管理功能的管理端，经销商通过销售扫码、在线登记等方式，实时收集农药销售数据、押金管理数据等，实现可回溯监管。强化智慧监控功能。通过农药包装回收、农资废弃物综合监管、物流管理等形象化展示，直观呈现辖区内所有销售和回收网点分布，以及当日各个销售门店押金销售和回收情况，为农业综合执法提供信息参考。强化实时反馈功能。利用管理端服务平台推送数据信息，实现工单接收、包装清运、扎带识别等功能，同时及时向管理端反馈清运数据。

三、工作成效

建成县农业废弃物资源化利用回收站，新设回收点 119 个。建成销售、管理、清运三级数字化服务平台，全覆盖追踪管理全县农药包装废弃物。通过三大平台的联合使用，实现农业废弃物回收的智慧管理。全县农药包装废弃物无害化回收处置率达 87.0%。

资料来源：农业农村部官网

第三节　肥料包装废弃物的回收处理技术

一、肥料包装废弃物的概念

肥料包装废弃物是指肥料使用后，被废弃的与肥料直接接触或含有肥料残余物的包装（瓶、罐、桶、袋等）。根据农业生产实际，回收处置范围主要包括化学肥料、有机肥料、微生物肥料、水溶肥料、土壤调理剂等肥料包装废弃物。

二、肥料包装废弃物回收处理主体

肥料生产者、销售者和使用者是肥料包装废弃物回收的主体。引导肥料生产者、销售者在其生产和经营场所设立肥料包装废弃物回收装置，开展肥料包装废弃物回收。按照"谁生产、谁回收，谁销售、谁回收，谁使用、谁回收"的原则，落实生产者、销售者、使用者收集回收义务，确保不随意弃置、掩埋或焚烧肥料包装废弃物。鼓励农业生产服务组织、供销合作社、再生资源企业等开展肥料包装废弃物回收。

三、肥料包装废弃物回收处理方式

对于具有再利用价值的肥料包装废弃物，充分发挥市场作用，建立使用者收集、市场主体回收、企业循环利用的回收机制。对于无再利用价值的肥料包装废弃物，由使用者定期归集并交回村庄垃圾收集房（点、站），实行定点堆放、分类回收。有条件的地方，可将无再利用价值的肥料包装废弃物纳入农药包装废弃物回收处理体系。

国家鼓励肥料生产企业使用易资源化利用、易处置的包装物，探索使用水溶性高分子等可降解的包装物，逐步淘汰铝箔包装物，减少对环境的影响。鼓励化肥、有机肥生产企业使用便于回收的大容量包装物，水溶肥等液态肥生产企业尽量使用可回收二次利用包装物，从源头上减少肥料包装废弃物的产生。

大力推行肥料统配统施社会化服务。鼓励肥料生产企业提供肥料产品个性化定制服务，定向为规模经营主体提供大规格包装肥料产品。完善肥料标识内容和要求，在肥料包装物上增加循环再生标志，引导回收主体进行分类收集处置。鼓励和支持新型经营主体、社会化服务组织开展集中连片施肥作业服务，减少小包装肥料废弃物数量。

第五章　农产品初加工废弃物
资源化利用技术

第一节　畜禽屠宰废弃物的利用技术

一、畜禽屠宰废弃物饲料化利用

（一）畜禽屠宰废弃物饲料化利用技术概述

肉类加工过程中的副产品包括骨粉、血粉、羽毛粉、肉粉等。它们是利用畜、禽等下脚料和血液、杂骨、羽毛等，经高压蒸煮、烘干、粉碎而成的，是一类优质饲料。据统计，目前我国利用生猪、菜牛、菜羊等下脚料所制成的动物饲料粉，远没有达到充分利用这些动物下脚料的境地，还大有潜力可挖，应积极开发。

（二）畜禽屠宰废弃物饲料化利用技术流程

通常，把家禽的血、羽毛、肠、头以及病、死禽等废弃物加工成高蛋白饲料的工艺流程：原料接收→蒸煮→水解干燥→脱脂→粉碎→包装。

（三）常见畜禽屠宰废弃物的加工技术

1. 肉骨粉的加工

主要原料是肉食品加工下脚料以及不合乎卫生要求的动物屠体组织，将原料加水蒸煮，一般脏器煮 1 小时，头、蹄组织煮

2~3 小时。煮后去掉汤表面的油脂，经烘干粉碎即成肉骨粉。加工较好的肉骨粉呈淡红色，含水量不超过 6%，粗蛋白质含量达40%以上。

2. 血粉的加工

主要以屠宰动物血液为原料，将血液放入锅内加热，直到血液凝固和水分蒸发后，晾在水泥地板上直至干燥，然后加工成粉状即成血粉，值得注意的是，血液加热时要不断搅拌，加入0.5%~1.5%的生石灰，煮后将血块装入麻袋内挤压沥水，使水分沥掉 50%以上，再晾晒，并每隔 1~2 小时翻动 1 次，直至晒干。加工血粉蛋白质含量可达 70%~80%，含水量不超过 10%。

3. 羽毛粉的加工

原料为禽类羽毛。将羽毛用水冲洗干净、晒干，然后在耐酸的锅中按 1∶6 的比例先放入羽毛，再放入 0.2%的稀盐酸液，加盖煮沸到用手轻拉即可拉断时捞出，沥去酸液，在阳光下晒干，用粉碎机加工成粉状即成羽毛粉。加工好的羽毛粉蛋白质含量在70%左右。

4. 骨粉的加工

以动物骨头为原料，将动物骨头放入普通锅中连续煮沸 7~8 小时，待骨头上的脂肪煮出后，在阳光下晒干，然后加工成粉状即成骨粉；也可将骨头堆在金属架上进行焙烧，粉碎后即成骨粉。骨粉是补充钙磷元素的好饲料。

5. 蛋壳粉的加工

以新鲜洁净蛋壳为原料，将蛋壳洗净放入锅内煮沸，捞出后再放入 60℃的铁锅内焙炒，炒脆后取出粉碎即成蛋壳粉，蛋壳粉是补充钙的好饲料。

6. 蚕蛹的加工

蚕蛹是缫丝工艺的副产品。将蚕蛹放入锅内，反复煮沸数次，去掉油脂，捞出后晒干、粉碎成末即成蚕蛹粉，蚕蛹粉粗蛋白质含量为45%左右，适宜饲喂猪及家禽。

【典型案例】

废弃物变原料

山东省滨州市博兴县博瑞蛋白科技有限公司建设的年产10万吨单一饲料循环经济示范项目，利用生产废弃物提取动物蛋白，生产新型单一饲料，项目规模与产品质量在国内均居领先地位，不仅推动了当地饲料业的发展，而且实现清洁化生产，为农民增收提供了就业机会。

该项目以企业内部及周边地区肉鸡屠宰后的鸡肠、鸡毛、鸡血等废弃物为原料，引进国外先进的生产工艺技术、全自动加工生产线，生产鸡肉粉、羽毛粉等动物蛋白饲料，为当地及周边养殖户提供饲料。公司每年产品生产所产生的鸡毛、鸡血、鸡肠、爪黄皮等固体废弃物约10万吨，化废为利、变废为宝，培育新产品，是公司完善循环经济链条的有效手段。

该项目的建设可有效促进当地肉禽屠宰加工废弃物的资源化利用，同时提升企业饲料智能化、高效低耗、绿色环保生产水平，推动饲料加工装备升级；还可延伸农业产业链，有利于构建区域农业产业经济大循环，推进农产品深加工转型升级，对本行业和周边区域经济发展起到带动作用。

资料来源：滨州网

二、畜禽屠宰废弃物肥料化利用

屠宰场的畜禽肠容物及其蹄角、毛皮等废弃物，是生产上等生物有机肥的原料。肠容物所含的营养物质尚未被畜禽充分吸收，富含蛋白质、氨基酸等物质。该生物有机肥还可以促进作物根系生长，壮苗、健株、增强叶片的光合作用及作物的抗逆特性，其肥效优于以畜禽粪便为原料生产的有机肥。

将屠宰场畜禽肠容物及其他下脚料作为生产有机肥的原料，混合一定比例的畜禽粪便、稻壳、粉碎的秸秆，经过堆置发酵、陈化、筛分等过程，完成废弃物的无害化处理和资源化利用，生产制作成粉状生物有机肥，或者也可根据市场需求制成球形颗粒或圆柱颗粒。产品的特性和技术指标如下。

（1）肥料外观。颜色呈褐色和黑褐色。

（2）气味。无味或具有酒香的发酵味，无臭味。

（3）肥分指标。氮≥2.0%，磷≥0.2%，钾≥1.0%，有机质≥40.0%。

（4）有益微生物指标。有益微生物≥10亿/克。

（5）有益物质。含有多种酶和多种植物生长所需的营养物质——氨基酸、粗蛋白质、核酸、维生素、有机酸、生长调节剂和抗生素等物质。

（6）有机无机复混肥技术指标。依据添加的无机肥成分和数量而定。

第二节 水产品加工废弃物的利用技术

鱼品加工过程中剩下的鱼头、鱼尾、碎肉、鳞、皮、内脏、骨、胆等，含有大量蛋白质、氨基酸、微量元素和维生素等。利用这些蛋白质资源，可制成各种精深加工产品，如可溶性食用鱼蛋白粉、液体鱼蛋白饲料、鱼鳞胶、鱼皮胶、骨糊、鱼蛋白钙糖、胆色素钙盐和胆酸盐等。综合利用鱼品加工废弃物，可降低主导产品成本，提高水产品的附加值；还可保持环境，减少废水、废弃物排放，取得较高的经济、生态和社会效益。

一、可溶性食用鱼蛋白粉

可溶性食用鱼蛋白粉营养丰富，水溶性好，易于消化吸收，可用作氨基酸强化食品基料、奶粉代用品；也可用于开发营养汤、调味品及鱼蛋白饮料等产品。该产品制取方法很多，如酶法水解、酸水解、碱水解、酒精萃取脱脂等。尤以酶法水解制取为佳，不仅能保持鱼固有的营养成分，而且口感好，易溶解。酶法水解的技术要点如下。

（1）工艺流程。原料处理→酶解→离心过滤→鱼蛋白水解液→脱色→真空干燥→粉碎→成品。

（2）工艺过程。用加工后的鱼碎肉、鱼头、鱼尾为原料，洗净后加水捣碎。取捣碎的鱼浆至反应锅中，加水调 pH 值至 6.5~7.5，且使固液比为 5:8，加 1%~2%蛋白酶，在 45~60℃条件下反应 2~4 小时，加热煮沸 10 分钟使酶失活，离心过滤，弃去滤渣（作肥料或饲料），得鱼蛋白水解液。每升用 10 克活性炭在 65℃下脱色 30 分钟，在 50~55℃下真空干燥，经球磨机粉碎，过 0.074 毫米（200 目）铜筛即得可溶性食用鱼蛋白粉。

二、液体鱼蛋白饲料

液体鱼蛋白饲料不仅营养丰富，而且它的蛋白质是以多肽和氨基酸的形式存在，更利于动物消化吸收。该饲料制取方法主要为酸化法，其技术要点如下。

（1）工艺流程。原料处理→酸化→液化→成品→储存。

（2）工艺过程。液体鱼蛋白饲料是以失去食用价值的变质鱼、低质小杂鱼、鱼头、内脏等为原料，用锤式捣碎机捣碎，将捣碎的原料置于耐酸的容器中，加入体积浓度为85%的甲酸，用量为原料重的3.5%，酸化后的原料 pH 值必须低于4.0。经酸化的原料置于耐酸的液化池内进行液化。液化时间因温度和原料的不同而异，一般30~35℃下1~2天即可。将液化后的鱼蛋白饲料储存在耐酸的有盖容器内，室温下保存期为1~2年。

三、鱼鳞胶和鱼皮胶

利用鱼品加工过程中废弃的鳞、皮等提取动物胶，以代替猪皮、牛皮、骡皮及龟、鳖甲制胶。鱼鳞占2.5%~4.0%，鱼皮在鱼体中约占5.0%，因此，鱼鳞、鱼皮不利用是很大的浪费。实践证明，鱼鳞和鱼皮是动物中最好的制胶原料之一。鱼鳞胶、鱼皮胶可起到龟板胶、阿胶等同样滋阴止血的功效，且在润肺、补肺方面具有独特功效。制胶技术要点介绍如下。

1. 鱼鳞胶制备

（1）工艺流程。鱼鳞→洗涤→浸碱→浸酸→浸灰→冲洗→熬胶→过滤→凝固→刮胶→干燥→成品。

（2）工艺过程。鱼鳞经洗涤后放在5%氢氧化钠溶液中浸泡约5分钟，除去油脂、脂皮并使鳞片膨胀。将浸过碱的鱼鳞立即用水冲洗，再浸入清水中除去碱，至酚酞不发生红色。接着将清洗好的鱼鳞浸入盐酸中，其用量开始是12%（盐酸体积浓度为31%），以后逐渐递减，8%、3%、1%共4次浸酸，鱼鳞与水之比为2:3。将酸液浸泡过的鱼鳞冲洗后放入每升2~4克的石灰水中浸泡7~14天可除去其他不纯物，再用清水冲洗。在洗净的鱼鳞中加入少量盐酸调节 pH 值至5.0~6.0。将经过上述处理的鱼鳞放在夹层蒸锅中加热，温度60~70℃，加热2~3小时以提完为准。过滤去除杂质后将透明澄清的胶液放在固定的盘中让其自然冷凝，用刮刀刮成5厘米厚的片，刮好的片经干燥后即成鱼鳞胶。每100千克湿鳞可制成10~12千克干胶。其用途有照相胶、生物制胶、药用胶、工业用胶四大类，各有不同的质量标准。

2. 鱼皮胶制备

鱼皮制胶工艺基本同鱼鳞胶，但前面几道工序有所区别，现分述如下。

（1）浸碱。碱液浓度为0.04%，每日换碱液1次，直至将鱼肉及大部分油脂去掉。

（2）浸灰。经浸碱后的鱼皮加石灰水浸渍（浓度为0.4%），每2~3天换1次石灰水，约需30天（连浸碱在内）。

（3）洗灰。将石灰洗去，先用水洗，待大部分石灰去除后用稀酸洗（pH值3.0~4.0），然后，再用水洗。

熬胶等下面几道工序与鱼鳞胶相同。鱼皮出胶率约为15%。

四、骨糊和鱼蛋白钙糖

在鱼品加工过程中，鱼的中骨（脊骨）常被作为废弃物丢掉。实际上，鱼骨中含有能促进人体生长发育的天然优质活性钙和多种微量元素，如磷、铁、硒等。鱼的中骨经蒸煮、干燥、粉碎、加辅料等加工工序可制成营养保健食品——骨糊。它是孕妇、婴幼儿和老年人补充钙质和微量元素的健康食品之一。鱼蛋白钙糖也是以鱼蛋白骨粉为主要原料，经脱腥、除臭和添加维生素D等制成。该产品营养丰富，易于消化吸收，能增进食欲，促进生长发育，也适合孕妇、婴幼儿和老年人食用。

五、胆色素钙盐和胆酸盐鱼胆囊

胆汁在鱼品加工中往往作为废弃物首先被丢掉，实在可惜。

胆汁经加工可制成胆色素钙盐、胆酸盐和牛磺酸等，它的价值比黄金还贵重。这些胆制品可作医药工业的原料，可作人造牛黄、抗生素制剂；医用能促进胰液对脂肪质的消化吸收；还可作为细菌培养基的成分之一，供科研用。制作技术如下。

(1) 胆色素钙盐。胆汁加 20% 氢氧化钙饱和溶液，再通入水蒸气加热 4~5 小时，此时有黄绿色的固体浮于液面或沉淀附于容器内壁，静置 2~3 小时分离出该固形物，即为胆色素钙盐，经烘干后即为成品，可以装瓶储存。上述钙盐混合物，如加稀盐酸使其生成氯化钙，可溶于水，而还原后的胆深红素及胆绿素不溶于水，经过滤分离，滤渣加氯仿使胆深红素与胆绿素分离（前者可溶于氯仿而后者不溶），再分别经过重结晶法提纯，即可得胆深红素及胆绿素的纯品。

(2) 胆酸盐。利用已提取过胆色素钙盐的胆汁，调整其 pH 值至原有新鲜胆汁的水平（pH 值为 7.8），过滤除法杂质。放入浓缩锅中加热浓缩，去掉 5/6 的水分，成膏状后加 3 倍量的 95% 酒精及 5% 的活性炭，移入蒸馏瓶中，按分馏柱进行蒸馏（蒸出的酒精可回收再用），至瓶中剩余物为原料体积的 1/3 时，取出过滤，滤渣再用酒精萃取 2 次后弃去（可作为肥料），3 次滤液合并在一起置于 0℃ 的冷库内，加乙醚，边加边搅拌至出现稳定乳浊状态。乙醚用量为浓液的 2 倍左右，时间约 10 分钟，再静置 48 小时，已可见分层，分离出下层液体（上层为乙醚，可经过蒸馏、纯制后再用），而后注入搪瓷盘，摊成薄薄的一层，在通风条件下吹去残留的乙醚，放入真空干燥箱中烘干。烘干后取出用球磨机磨细，经 0.106 毫米（150 目）的筛网筛选，马上装瓶包装，即为成品。成品极易吸潮，故磨细、装瓶工作必须在干燥环境中进行。该胆酸盐为牛胆酸和甘胆酸的钠盐混合物，可分离提纯。

第三节　粮油加工废弃物的利用技术

粮油加工中会产生很多废弃物，但这些废弃物并没有得到很好的利用，大多数作饲料或当垃圾处理，浪费了大量的可利用资源。下面介绍几种对粮油加工废弃物综合利用的方法。

一、麦胚及其应用

麦胚位于小麦腹部，占小麦重量的 1.4% ~ 3.9%，平均长度 2.1 毫米、宽 1.0 毫米。在小麦制粉过程中，提取麦胚是一种有效而方便的方法。刚提取的麦胚，各种酶的活性很强，易于氧化酸败和霉变，因此应在 24 小时内进行酶钝化处理（烘干、蒸、远红外、微波脱水和冷冻），放置于阴凉干燥处待用。麦胚含有丰富的蛋白质和维生素 E，是天然的营养源，是人类营养的宝库，经常食用有抗衰老的作用。目前西方国家以麦胚为原料开发的食品种类很多，如麦胚油、麦胚豆奶、麦胚豆腐、麦胚酱、麦胚口服液、麦胚饼干、麦胚面包等，产品十分走俏，价格一般为次粉和麸皮的 14 倍左右。下面试举小麦胚应用 4 例。

（1）纯麦胚片和麦胚粉。可做成营养食品和饮料。

（2）麦胚油。人们对玉米胚芽油较为熟悉，但对麦胚油还不太了解，其实麦胚油中含亚油酸、维生素 B_1、维生素 B_2、维生素 B_6、铁、钙等，可以合成维生素 E，制成发乳、面蜜、面膜、面霜等产品。

（3）保健食品。麦胚经加工、溶剂萃取可获得二十八烷醇，人服用后能增强运动的爆发力和耐力，可作为运动员的保健食品。

（4）制药。麦胚脂质提取后，通过还原剂异抗坏血酸处理，把麦胚中蛋白质变成短键谷胱甘肽，可制成片剂，具有消除疲劳、抗癌等多种生理活性功能。

二、玉米皮和玉米浸泡水的综合利用

玉米皮是玉米加工淀粉的副产品，占玉米总重量的 7%~10%。玉米皮中脂肪含量 6%，可用溶剂提取玉米脂肪即得玉米纤维油，植物甾醇含量高达 10%~15%，具有很强的抗氧化能力。

玉米皮中纤维素、半纤维素含量丰富，其中纤维素 11%，半纤维素 35%，葡萄糖 32%（其中 23% 是残留淀粉产生的），可作为生产功能糖、木糖、木糖醇等的原料，且生产功能糖后的残渣可用于发酵生产燃料乙醇，实现玉米皮的全部利用，可使每吨玉米皮新增产值 1 万多元。

玉米浸泡水用量为加工玉米总量的 45%，经浓缩后玉米浆的成分：固形物 40%~50%，蛋白质 16%~30%，氨基酸 8%~12%，还原糖 7%~12%，总酸 8%~13%，乳酸 7%~12%，磷 4.0%~4.5%，钾 2.0%~2.5%，维生素每升 0.7~1.0 毫克。有些企业把玉米浸泡水浓缩至固形物含量 20% 左右，再和玉米皮混合生产成加浆玉米皮，作为饲料原料出售。但玉米浆难干燥，含有二氧化硫、曲霉毒素、木聚糖等有毒或抗营养因子，在饲料中添加量有限，大部分玉米浸泡水直接输送到污水处理厂处理。

玉米浸泡水含有丰富的蛋白质、可溶性氨基酸和糖类，直接排放不但造成资源浪费，而且有机物对环境还会造成很大的污染。玉米浸泡水是整个行业都亟须解决的难题。利用浸泡水高氮源、丰富的营养因子和玉米皮水解液中的碳源，采用酵母发酵生产高蛋白饲料酵母，可实现对玉米浸泡水和玉米皮的综合利用，实现清洁生产。

高蛋白饲料酵母（酵母单细胞蛋白）是解决饲料蛋白紧缺的主要途径。酵母蛋白质含量丰富，氨基酸齐全，配比组成合理，且富含 B 族维生素、矿物元素、微量元素、酶、碳水化合物、生理活性物质及生长促进因子，是一种营养价值高且能替代鱼粉的优质蛋白。它具有提供营养、诱食等多种功能，能促进畜禽新陈代谢，增强禽畜抗病能力，提高禽畜生长速度、繁殖能力、肉质和皮毛质量。

因此，利用玉米皮和玉米浸泡水发酵生产饲料酵母意义重大，不仅使整个生产过程废水排放量大大减少，实现了资源利用最大化，还具有重大的经济效益和社会效益。此外，在利用玉米浆生产酵母的同时，还可以从玉米浆中分离提取各种生理活性物质，如肌醇等，也可提高玉米浆的附加值。

三、大豆生产过程中废弃物的综合利用

（一）大豆油脚的综合利用

大豆油脚中含有丰富的脑磷脂和卵磷脂。现代医学研究指出，脑磷脂和卵磷脂在人体内能转化为乙酰胆碱，具有重要的生理与疗效价值。从油脚中提取的磷脂油，经过提炼、分离、提纯、精制就可制得脑磷脂和卵磷脂。而且，从油脚中提取的磷脂油，还可用作生产豆腐的消泡剂或用来制作脂肪酸等医药上的化工原料。

（二）豆皮的综合利用

豆皮中含有大量明显生理功能的膳食纤维，所以备受消费者青睐。市面上的含有豆皮纤维的产品主要有膳食纤维饮料、面包、饼干等。其中，膳食纤维饮料主要采用大豆表皮细胞壁内的储存物质和分泌物类水溶性成分。而这些物质在面包、饼干等产品中应用时需先经高温处理，以破坏其中的胰蛋白酶抑制物。此

类产品既强化了其中的膳食纤维，又改善了产品的品质。大豆中32%的铁集中在豆皮中，且植酸含量较少，其对铁元素在体内的吸收影响较小，所以可广泛用于烘焙制品、饮料、保健品等中，以作为铁的强化剂。

第四节　水果加工废弃物的利用技术

果渣是果品加工后的废渣，其主要成分为水分、果胶、蛋白质、脂肪、粗纤维等。果渣营养物质丰富，矿物质、糖类、氨基酸、维生素等含量较高。由于技术等相关因素的制约，果渣在高附加值产品生产中的应用仍十分有限，而作为饲料或饲料添加成分的应用相当广泛。

一、果渣饲料化利用技术

鲜果渣具有水果特有的香气，适口性好，但其蛋白质含量较低，酸度大，粗纤维含量高。因此，只能在日粮中配合添加。果渣作为饲料主要有3个方面的应用：直接饲喂、鲜渣青贮、利用微生物发酵技术生产菌体蛋白饲料。

（一）果渣干燥和果渣粉的加工

新鲜果渣直接饲喂简单易行，但存放时间短、易酸败变质。因此，需干燥以延长存放时间。干燥方式有两种：晾晒–烘干干燥和直接烘干干燥。晾晒–烘干干燥受天气的影响大，在晾晒的过程中易霉变、污染，而且含水量高（约20%），且干燥后的果渣在储存、使用中易变质。规模化养猪场使用果渣，以直接烘干的效果为好，虽然增加了成本，但为以后安全、稳定的利用创造了条件。此外，果渣烘干后可以粉碎成果渣粉，然后加入配合饲料或颗粒料中，还可进行膨化处理。

（二）果渣青贮的调制

青贮不仅可以保持鲜果渣多汁的特性，还可以改善果渣的营养价值。其原理是将果渣压在青贮塔或青贮窖中，利用附在原料上的乳酸菌进行厌氧发酵，产生大量乳酸，迅速降低 pH 值，从而抑制有害微生物的生长和繁殖，以便于长久保存。

（三）果渣发酵生产菌体蛋白

该工艺是以果渣为基质，利用有益微生物发酵工程，将适宜菌株接种其中，调节微生物所需营养、温度、湿度、pH 值和其他条件；通过有氧或厌氧发酵，使果渣中不易被动物消化吸收的纤维素、果胶质、果酸、淀粉等复杂大分子物质，降解为易被动物消化吸收的小分子物质和大量菌体蛋白，而小分子物质的形成，又能极大地改善饲料的适口性，从而使营养价值得到显著提高。果渣发酵生产的菌体蛋白含有较为丰富的蛋白质、氨基酸、肽类、维生素、酶类、有机酸及未知生长因子等生物活性物质。

果渣不仅价格低廉，且来源广泛，若处理得当，可以在畜禽饲料中获得广泛的应用。因此，果渣类饲料的开发和利用，对解决我国饲料资源缺乏问题、缓解人畜争粮的矛盾、促进畜牧业稳步发展、提高水果种植与加工业效益、减少环境污染都具有重要意义。

二、果渣工业化利用技术

果渣不仅可以加工成优质饲料，还可以作为工业原料提取柠檬酸、果胶、酒精、天然香料等物质。

（一）利用果渣发酵生产柠檬酸

柠檬酸是一种广泛应用于食品、医药和化工等领域的重要有机酸。目前，国内柠檬酸的生产供不应求，但均以玉米、瓜干、糖蜜为原料，利用产品成本较高。以苹果渣为原料，利用黑曲霉固态发酵生产柠檬酸，其工艺简单、设备投资少。同时，果渣经发酵后不仅能提取柠檬酸，还可以产生大量果胶酶，可用于果胶酶的提取。提取柠檬酸的生产工艺流程：鲜果渣→预处理→接种→发酵→成品。

（二）利用果渣提取果胶

果胶是一种以半乳糖醛酸为主的复合多糖物质，由于其良好的凝胶特性，果胶在食品、制药、纺织等行业内广泛应用，在国际市场上非常紧俏。近年来，我国果胶用量居高不下，主要靠从国外进口满足市场需求，因此开发新的果胶资源势在必行。

苹果渣和柑橘渣均为提取果胶的理想原料。其中，干苹果渣的果胶含量为15%～18%，苹果胶的主要成分为多缩半乳糖醛酸甲酯，它与糖和酸在适当的条件下可形成凝胶，是一种完全无毒、无害的天然食品添加剂。目前，可以通过从苹果渣中提取低甲基化的果胶来实现果胶生产，且效果较为理想。提取果胶的工艺流程：鲜果渣→干燥→粉碎→酸液水解→过滤→浓缩→沉析→干燥→粉碎→检验→标准化处理→成品。

柑橘渣也是制取果胶的理想原料，世界上70%的商品果胶是从柑橘渣中提取的。果胶产品有果胶液和果胶粉两种，而后者多由前者喷雾干燥或酒精沉淀而来。近年来，国内利用柑橘皮生产果胶的工艺技术已形成，但规模化生产仍很少见，主要原因是投资大，产品产量低，且质量有待提高。

（三）利用苹果渣提取苹果酚

利用苹果渣加工出来的苹果酚，其感官指标良好。苹果酚中含有丰富的果糖、蔗糖和果胶，所以具有较高的生物价值，可应用于面包和糖果生产。在制作食品过程中，采用苹果酚不仅可以节省精制糖，而且可以提高食品的生物效应。在面包生产中，添加苹果酚不但可以改善面包制品的内在质量、味道、膨松度，而且可以降低原料消耗、增加产品质量。苹果酚的加工工艺：鲜苹果渣→干燥→粉碎→离析→成品。

第五节　食用菌加工废弃物的利用技术

随着食用菌栽培规模的迅速扩大，其生产过程中产生大量废料，如不及时处理，不仅造成资源浪费，还会滋生霉菌和虫害，污染环境，制约食用菌产业及其他产业的发展。有效利用这些食用菌加工废弃物，可产生较好的经济效益、环境效益。下面介绍6种食用菌加工废弃物的综合利用方法。

一、重新培养菌种

食用菌加工废弃物还可以用来重新栽培食用菌。若菌丝生长较好，培养料未被杂菌污染，便可将其晒干粉碎后按一定比例添加到新原料中。一般用于制作菌种和作栽培料。

（1）制作菌种。利用晒干、无霉变废料代替部分新料，可占总料的30%~40%，制出的菌种与全部用新料制出的菌种无明显差异。研究表明，菌糠是代替一部分麦粒制作双孢菇菌种的好原料，其不仅可提高菌种质量，延长菌种保质期，而且可大幅度降低生产成本。

（2）作栽培料。将栽培过草菇、平菇、香菇、金针菇等品种的废料，晒干粉碎后添加到新原料中栽培鸡腿菇；栽培过金福菇、杏鲍菇的废料可栽培姬松茸、天麻等；还可以利用废料栽培双孢菇，以提高产值，变废为宝，提高经济效益。

二、加工成饲料

食用菌废料虽然经过食用菌菌丝分化，但仍存在大量的菌丝，其含有的丰富的菌丝蛋白和多种氨基酸未被充分利用，且有机质和碳、氮含量也较高。把食用菌废料晒干粉碎，直接喂牛、羊等或掺入其他饲料、添加剂喂牛、羊、猪、兔、鱼等，可达到育肥畜禽、扩大饲料来源、降低成本的目的。食用菌废料还可以作为低等动物的饵料，培养低等动物，然后再用低等动物饲喂畜禽。

三、作有机肥料

培养料残渣所含养分：菌丝不能直接利用的成分、菌丝的代谢产物和菌丝体分解后的菌蛋白等。据分析，每吨残渣约含氮10千克、磷1千克、钾10千克，且碳氮比小，养分处于速效状态，易被作物吸收利用。每亩施入培养料残渣3 000~4 000千克，可使玉米增产10%以上，小麦、大豆增产30%左右。在农田施用培养料残渣，不但可提高土壤肥力，还有助于改善土壤理化性状，促进土壤团粒结构的形成，增强土壤的持水力和通透性。代谢产物中的有机酸类等物质还能刺激根际固氮微生物的生长，有些代谢产物则对有害微生物的生长有抑制作用，是一种很理想的"菌肥"。另外，因为食用菌原料经过严格的消毒灭菌，去除了植物病虫源，栽培过程中菌丝体的全面生长又再次占据了植物病虫源的入侵空间，使食用菌菌渣成为一种无病虫害的有机质源，为栽培园艺植物提供了一种良好的腐殖质，是花卉园艺业发展的良好肥料。

四、作无土栽培基质

食用菌加工废弃物的主要成分是木屑、麦麸和残余菌丝体，其保水性、通透性良好，能为作物生长创造良好的根际环境，还可为作物提供大量养分。因此，食用菌废料可完全或部分替代常规的无土栽培基质。试验表明，采用珍珠岩和蘑菇废料按体积2∶1或1∶2配比的复合基质，其容重、比重、孔隙度、最大持水量、pH值等理化指标良好，培育出的生菜幼苗综合素质优、叶片多、茎粗壮、开张度大、生物学产量高。

五、提取农药和激素

食用菌菌丝在生长过程中，会分泌激素类物质和特殊的酶。这些激素或酶能促进植物生长或抑制植物病害的发生。因此，通过一定的物理和化学手段可提取废料中的激素和抗生素，制成增产素和抗生素。

六、作为燃料

木屑是食用菌废料中成分最多的基质，因此食用菌废料是一种很好的燃料。将出菇后的废料晒干，可用作生产菌种和熟料栽培时的灭菌燃料，或者在冬季自然温度低、不采取辅助升温措施很难出菇的情况下，可替代煤或木炭，既节约了能源，又节省了生产投资，同时也解决了废料造成的环境污染问题。

此外，可将食用菌废料投入沼气池作发酵底物，产生的沼气作燃料，满足人们日常生活中的能源需要。该方法既降低成本，又增加效益，一举两得。

第六章 发展低碳农业

第一节 低碳农业的内涵

一、低碳农业的概念

低碳农业是在农业生产水平不断提高的前提下，通过制度创新、科技进步、能源结构调整，在农业生产、经营过程中尽量降低能源消耗强度，提高能源利用效率，减少农业对生态环境的污染，实现农业生产、经营过程中的低碳排放乃至零碳排放，以获得最大的社会、经济效益的生态高值农业发展模式。

发展低碳农业是改变落后的农业生产方式、调整优化农业产业结构、建设现代化农业的有效途径，是提高农业生产效益、改善农村生态环境、提高农民生活水平的必然选择。

二、低碳农业的特征

（一）节约性

降低资源消耗，提升能源利用率，减少各种人力、财力、物力的投入，是建设节约型低碳农业的内在要求。

（二）效益性

低碳农业要求减少有害物品投入、减少资源消耗、实现废弃物的循环利用，这些措施可以有效减少农业生产的成本，促进农民增收。

（三）安全性

低碳农业是一种优质安全的农业生产模式，它要求最大程度地减少农业生产全过程可能产生的不良影响。

（四）环保性

低碳农业发展要求对农业化学药品实行替代、减量措施，要求对农业废弃物实行循环利用以减少废弃物排放，要求在农业生产全过程实现低碳减排，这些都可以保证农业生产的清洁环保，减少农业污染，保护生态环境。

三、低碳农业的功能

（一）农业生产

低碳农业也是一种农业生产方式，所以农业生产功能是其最基本的功能。

（二）安全保障

低碳农业要求提高科学技术，减少温室气体排放；推广节能减排，保护资源环境；减少有害品投入，保证粮食质量。在气候环境恶化、食品安全问题频发的背景下，有助于保障我国粮食安全，提高国际竞争力。

（三）气候调节

低碳农业倡导针对农业的碳源作用减少碳排放，针对农业的碳汇作用增加固碳能力，有助于对气候进行调节。

（四）生态涵养

低碳农业发展关联多种措施保护生态环境，具有生态涵养功能。

（五）农业金融

发展低碳农业减少的碳排放量可以通过国际碳金融市场进行碳交易，增加农民收益。

第二节 低碳农业的发展模式

一、有机农业

有机农业是在不使用化学肥料和化学农药的情况下，通过合理的耕作、施肥和病虫害防治等措施，保持土壤的生态平衡，提高农产品的品质和安全性。有机农业不仅可以减少化学肥料和化学农药的使用，降低温室气体排放，还可以改善土壤质量和生态环境。未来，随着人们对健康和环境的关注度不断提高，有机农业将会得到更广泛的推广和应用。

二、精准农业

精准农业是通过先进的技术手段，如遥感、全球定位系统、无人机等，对农田进行精细化管理，实现精准施肥、精准灌溉、精准病虫害防治等，提高农业生产效率和质量。精准农业可以减少农业生产过程中的浪费和损失，降低温室气体排放，提高资源利用效率。未来，随着科学技术的不断进步，精准农业技术将会得到更广泛的应用，从而实现低碳农业的目标。

三、节约型农业

在农业生产和社会生活的各个领域和环节中，广泛实行科学合理的节约和减量，推行各种节地、节水、节肥、节药、节种、节电、节油、节柴（节煤）、节粮的做法。抓好这些节减措施，可以从各个方面降低农业的生产成本，提高全社会对农产品的利用效率。这不仅有利于治理农业的面源污染，保护农业的生态环境，还可以增强土壤的固碳能力，极大地减少碳排放量。节约农业有利于减轻农民的负担，增加农民的收入，是转变农业增长方式，化解农业风险，发展循环农业、低碳农业，应对气候变化的重要抓手和有效实现形式。在这方面已有一些成功的实践，例如各种免耕法，各种套播、直播技术，水稻的抛秧技术，各种套种、间种、轮作、混养等技术的应用，实施测土配方施肥，采用低毒、高效农药，实施分段配方饲料喂养等，都可以取得节支增产的良好效果。

四、循环农业

近年来，以水土为中心的工业化农业将接近或达到承载能力的临界状态，这就需要寻求新的出路，重点突破循环农业。把传统农业的动植物资源利用扩展到微生物资源利用，创建以微生物产业为中心的新型工业化农业。目前运用微生物最广泛、最有成效的措施就是生产沼气。沼气池建设可与改厨、改厕、改圈结合起来，生活垃圾、牲畜粪便、作物秸秆发酵产生沼气，残留的沼液可代替农药，沼渣可代替化肥，既变废为宝，美化环境，又节省开支，增加收入，这是典型的农业低碳化，也是发展安全优质农产品必不可少的重要条件。将农村各种废弃物化害为利、变废为宝，进行循环利用、深度利用。例如，利用农作物秸秆与牛粪等作培养基可培植各种食用菌。秸秆经预处理厌氧发酵后，可作制沼气的原料，还可用作饲料。用发酵技术对秸秆进行发酵后作为猪饲料，可节省大量的粮食。还可利用各种种养加项目的生物链关系，将不同的项目合理地配套起来，推进各种循环产业的发展，提高农业资源的利用率。还要充分利用太阳能和智能代替化学能。

五、科技农业

加快农村低碳技术的研发和推广力度。一是要提升粮食核心产区的低碳农业基础建设。加大整合力度,重点建设现代农业示范园区、生态畜牧业、粮食(叶菜)功能区等项目,为加快现代农业发展打好基础。二是要加强培育适应低碳环境的优良品种。要大力推动农作制度创新,推广一批稳粮高效、农牧循环、水旱轮作等发展模式。三是要大幅度地减少化肥和农药使用量,减轻农业发展中的碳含量,如用粪肥、堆肥或有机肥替代化肥,通过秸秆还田增加土壤养分等。四是对农产品进行深度加工。借科技之力,将各类农产品加工后的副产品及有机废弃物化害为利,变废为宝,进行系列开发、深度加工。例如,将原本是负担的废菌包,经科技"魔术之手"转身变为吃香的有机肥,进而延伸出一条新的产业链。如此,既降低了生产成本,又具有显著的生态效应;既节约了能源资源,又解决了对生态环境的污染问题。另外,还有效地控制了温室气体排放,发展了优质高效低耗低碳的农业经济。

六、合作农业

要推进农业专业合作以解决农业经营规模过小与发展低碳农业的矛盾。目前我国农业生产的经营机制,从整体上讲,还是一种在以家庭承包为基础的小规模的农户和农场模式,这为必须规模化的低碳农业发展带来了困难。在周围农业依然是工业化农业的情况下,一个农户或一个农场实行低碳农业模式,要取得成功是不可思议的。因为,它的土壤、空气、水源乃至整个生态环境仍旧受到工业化农业的影响和污染。要改变这种状况,就需要在传统农业的组织形态上进行改变,大力推进各种形式的农业专业合作,例如,以村组为单位发展土地合作,选择合适的项目发展低碳农业;扩大现有农业专业合作社的合作规模和合作内容,引导不同专业合作社围绕发展低碳农业进行经营合作；引导小规模的生态农户与农场，通过成立生态合作社扩大规模等。

第三节　发展低碳农业的策略

低碳农业的实质是能源的低碳、高效利用与清洁能源开发。发展低碳农业需从能源使用的 3 个环节着手：一是在能源输入时，尽量使用太阳能、风能、水能、核能、生物质能等新能源，减少化石能源使用；二是对农业排碳源进行转化、利用，以减少排放；三是对已排放的二氧化碳进行捕捉、储存与利用。围绕 3 个环节从农业、工业、环保、农民、政府等各方面采取综合策略，方能取得良好效果。

一、优先实施清洁投入品替代策略

一是开发、利用风力发电、秸秆发电、秸秆气化、沼气、太阳能等清洁能源发展高效农业生产，替代高碳能源使用。

二是研制、生产、使用有机肥、生物肥、农家肥等高效肥料以替代化肥，阻断化肥生产、使用的碳排放。

三是开发、应用生物农药，阻断无机农药生产过程中的碳排放和使用过程中对农产品的污染。

四是使用可降解农膜代替不可降解农膜，防止其生产的碳排放和对土壤等的污染。

二、实行碳减排策略

对无法避免碳排放的农业经营活动，实行减排策略。

一是通过测土配方精准配肥、供肥、施肥，改变盲目大量施用化肥的习惯，减少不合理施用。研制缓释化肥，根据作物养分需求控制养分释放，克服化肥因溶解过快、养分流失而难以满足作物各阶段生育需求的缺点，提高肥料利用率。

二是发展节水农业，提倡喷灌、滴灌，改变漫灌等浪费用水方式，以间接节能减排。

三是推广多层立体种养，采用桑菜、农林、林花、农渔、林牧、渔牧结合等间种、套种方式，综合利用层间资源，提高单位面积综合效益，减少内源与外源性碳排放。

四是发展"种植—养殖—沼气"循环农业模式，科学设计上、中、下游动植物的食物衔接，充分利用副产品，变资源的一次消耗为多次循环利用，从而减少废弃物排放、废弃物处理等造成的碳排放。

五是推广节药、节能、节地、节膜等其他资源节约型农业生产方式，以减少碳的直接、间接排放。

三、实施固碳策略

固碳指将碳固定在土壤中或储存在废油气井煤层或深海里，防止其逸入大气。

（1）合理耕作。推广水田免耕、少耕、直播等保护性耕作，推广旱地耐旱作物种植，实行农业生产过程的标准化，以减少耕作或不合理耕作，减少土壤有机质分解，保护土壤有机碳。

（2）改善土壤水分条件。水分是土壤排放、吸收温室气体的决定因素之一，淹水土壤会向大气排放甲烷、二氧化碳，好气土壤会减缓二氧化碳的排放并氧化大气中的甲烷。采用间歇性灌溉等人为调节措施，以保持土壤碳汇水平。

（3）提高复种指数。休耕会延长地表裸露、风蚀时间，引起土壤水分蒸发。合理复种作物可减缓土壤有机质分解、延长地表绿色覆盖时间、固定更多碳。

四、大力推行碳汇策略

碳汇是从空气中清除碳的过程、活动或机制，是农业减少大气温室气体的独有功能，也是低碳农业发展的主要目标。农业碳汇主要有土壤和植被两种。

（一）土壤碳汇

土壤碳占陆地总碳量的2/3，是植被碳的3倍，由植物在光合作用下吸收二氧化碳转化为有机物，植物死后进入土壤形成有机碳积累而成。增加土壤碳汇的途径介绍如下。

（1）合理轮作。轮种作物，插种豆科等高残茬作物，以减少土壤地表水蒸发、加速根茬分解、提高土壤有机质含量和保水能力，增加土壤碳汇。

（2）合理施肥。长期单施无机肥，虽能促进根部生长，但亦加速土壤有机碳的分解和矿化。无机肥与有机肥配合施用可以增加土壤有机碳总量并能改善土壤物理性状。

（3）生物炭。它是我国农村流行的简单、低成本的碳汇方法。通过把杂草、秸秆、枯枝落叶等有机质堆积起来，用薄层泥土覆盖，点火熏烟、加温裂解而形成有机碳，储存于土壤中。

（4）秸秆粉碎还田或过腹还田，均可增加土壤碳储存。

（二）植被碳汇

植被通过光合作用吸收和积累碳，并转化为有机物储存于体内，作为生长的营养物质。增加植被碳汇的途径介绍如下。

（1）发展林业。林木具有吸碳、降碳的特殊功效，它能通过光合作用，将大气中游离的碳固定下来，转变为有机碳。而且它生长周期长，形体大，有较大时间、空间位置，储碳密度高，是调节大气碳平衡的关键。可通过林权改革、退耕还林、天然林保护、实施造林计划、建构绿色廊道、建造各种景观美化林、培育优质苗木等增加林业碳汇。

（2）发展草业。草本植物根系发达，抗旱、储碳能力强，储碳速度快，还能防风固沙、涵养水源、保持水土、净化空气、维护生物多样性。我国草原面积是耕地面积的3.2倍，是森林面积的2.5倍，碳汇潜力大。可通过草原建设、城市绿化、退耕还草等提高草业碳汇水平。

（3）营造湿地。湿地具有水分过饱和厌氧的生态特性，湿地土壤微生物活动弱，植物残体分解、释碳慢，吸碳功能强于森林和海洋。泥炭地是世界分布最广的湿地类型，由有机质在寒冷和厌氧条件下不断积累形成，是植物死后残体腐化的结果。芦苇湿地因芦苇的适应力强、繁殖力高而具有较强的碳汇功能。在农田周围营造小型自然湿地和中型生态湿地，既可保护水资源、改善农业生态、自然环境，又可增加湿地碳汇。

（4）保护沙漠植物。沙漠植物以灌木、半灌木和草为主，适宜干旱缺水、寒冷多风的自然环境，对沙漠地区碳汇有特殊意义。

（5）培植水生生物。水生生物具有较强的储碳能力，据测算，小球藻、栅藻和水华鱼腥藻的含碳量分别达到46.4%、51.3%和68.8%。水生高等植物和动物碳汇潜力更大。人工或半人工养殖各种水生生物是增加碳汇的有效方法。

（6）大力发展各种食用农作物。食用农作物是陆地植被碳汇的重要部分，在气候变暖的环境下，应重点培植"固碳型"农作物，培育防洪、抗旱型新品种，以扩大碳的吸收存储。

五、重点支持和推行碳利用策略

碳利用指通过科技人为地捕获大气中的碳，并将其分离、净化、隔绝、封存，用于农业和人类其他福利事业。它开创了人类减碳的新领域，是最有发展前景的消碳策略。目前，碳利用的领域主要包括农产品保鲜、制造干冰、培养海藻、中和地下盐碱水以改善水质、注入衰竭的油层以提高油气田采收率、生产"炭基肥料"等。与减排和固碳相比，其开发利用价值大、综合效益高。特别是"炭基肥料"的规模生产和应用价值更高。在植物生长过程中，人们只注重氮、磷、钾等矿质肥的作用，而忽视了占95%以上的碳、氢、氧的功用。碳元素作为植物营养的吸收形态主要是二氧化碳和碳酸氢根离子，氧、氢元素是水。碳、氢、氧平衡是植物营养平衡的基础。植物通过吸收二氧化碳和水，经光合作用转化为葡萄糖，再水解成有机酸，通过固定铵态氮转化为氨基酸及蛋白质，构成生命的基础。试验表明，二氧化碳浓度充足可加速作物生长，减少农药用量，提高作物产量。因此，发展"炭基肥料"可起到减少二氧化碳排放、提高农业产值的双重目的。

六、政府扶持策略

低碳农业不能自发地产生和形成。发展低碳农业既要有观念的转变，又要有资金的投入，还要有农业生产结构的调整、法律和法规的保障、标准的统一、各相关行业和部门的协调以及激励惩罚机制的建立等。政府主要应采取以下策略加以扶持。

一是引导低碳消费，形成低碳消费风尚。

二是发展碳融资，对低碳农业提供资金支持，建立碳交易市场，以鼓励发展森林碳汇、沼气和畜禽粪便资源化处理项目。

三是对使用有机肥、秸秆还田、畜禽粪便处理、沼气池建设的农户予以财政奖励。

四是加大低碳农业技术研发投入，对高成本技术给予补贴，以鼓励研发和消费。

五是构筑污染环境法、节能法、清洁生产法、低碳农业法等法律体系，保护农田、草原、森林，控制生态环境脆弱地区土地开垦，禁止毁坏草地、林地和浪费土地。严控工业用地，防止低效企业浪费土地、破坏地力。

六是建立与低碳农业相适应的政策、法规、技术、管理等激励约束保障体系，建立开展低碳农业交流合作的科技、人才、资本等平台，打造低碳农业品牌。

七是加大土地整理、农田水利、田间道路、污水处理等投入，建设功能区，为低碳农业发展提供基础条件和示范指导。

参考文献

牛斌，王君，任贵兴，2017. 畜禽粪污与农业废弃物综合利用技术［M］. 北京：中国农业科学技术出版社.

王罗春，2019. 农村农药污染及防治［M］. 北京：冶金工业出版社.

尹昌斌，2008. 循环农业发展理论与模式［M］. 北京：中国农业出版社.

赵金龙，刘宇鹏，甄鸣涛，2009. 农村资源利用与新能源开发［M］. 北京：中国农业出版社.

赵由才，2015. 固体废物处理与资源化技术［M］. 上海：同济大学出版社.